U0018459

迷你工程師

土壤下的

如果少了蚯蚓，
人類還能生存嗎？

莎莉．庫特哈德————著
Sally Coulthard

周沛郁————譯

The
Book
of
the
Earthworm

目次

……對所有生物的愛，
是人類最高尚的品德。

——查爾斯·達爾文（Charles Darwin），
《人類的由來》（*The Descent of Man*, 1871）

前言

蚯蚓是達爾文眼中
最重要的生物

　　查爾斯・達爾文選擇世界上最重要的動物時，並沒有因為猿類很聰明而選擇猿類，或因為綿羊很有用而選擇綿羊，或因為鴨嘴獸稀奇古怪而選擇鴨嘴獸。達爾文選了蚯蚓。

　　他稱之為「大自然的犁」，把卑微的蚯蚓封為地球上最重要的生物，並聲稱：「恐怕沒有多少動物像這些構造簡單的生物，在世界的歷史上扮演那麼重要的角色。」兩千年前，希臘哲學家亞里斯多德稱讚蚯蚓是「大地的臟腑」[1]。

　　然而，大多數人對土壤中這些神奇的工程師幾乎一無所知。我們對蚯蚓視而不見，但少了蚯蚓，世界就會了無生息。全球的土壤都會荒廢，我們的園子、田野和農場種不出

食物，無法支撐我們賴以生存的作物和牲畜。蚯蚓不只會回收腐爛的植物，讓養分回歸土壤，由於牠不斷地扭動、挖掘，也會幫助雨水滲透，而且牠還是狐狸、青蛙等各種野生動物的食物。近期的研究也顯示，蚯蚓能幫忙清理受污染的土地，讓土地再度肥沃、富饒。

蚯蚓是迷你英雄。目前我們有許多環境問題看似棘手，但諷刺的是，有些解決辦法或許有賴大自然最小、最受到忽視的生物。我們太常忽略蚯蚓無盡的辛勞，不知道究竟是誰在做所有的苦工，或是不懂為什麼。

博學家達文西有句名言：「我們非常了解天體運行，卻對腳下的土壤所知不多。」大家都應該知道自家的後花園地表下發生了什麼事——那一切是非常神奇的。

註釋

[1] 時常有人誤會亞里斯多德稱蚯蚓為「土壤的腸子」。亞里斯多德在《論動物生殖》（*De Generatione Animalium*）第三卷中寫道：「這些（動物）雖然天生幾乎沒什麼血，卻仍然帶著血色，含有血液的心臟是所有部位的根源；而牠們是所謂的『大地的臟腑』。」（《論動物生殖》由亞瑟・普拉特〔Arthur Platt〕英譯於1910年。）

蚯蚓與人類

花蝴蝶與鬱金香
比我更繽紛漂亮，
即使打扮成最美的我，
仍贏不過蟲蠅花朵。

——以撒・華茲（Isaac Watts），
《聖歌》（*Divine Songs*, 1715）

蚯蚓最驚人的一點是，我們對這種奇妙的生物真的很不了解。蚯蚓身為地球上的重要生物，存在至今幾乎一直樂得不受關注。直到大約三十年以前，只有少數幾位致力鑽研的科學家研究過這種奇妙生物，不過近年來，愈來愈多人意識到蚯蚓對整個生態系至關緊要。尤其有些人在研究永續農法時，企圖運用蚯蚓的潛力，例如蚯蚓養殖（vermiculture，讓蚯蚓製造肥料）和有機廢物回收，或許更意想不到的是，把蚯蚓當作高蛋白食物（見 Part 1 的 14.〈蚯蚓可以吃嗎？〉）。

其他研究計畫調查了蚯蚓在復育污染和劣化的農地，以及環境監控上扮演的角色。不論蚯蚓喜不喜歡，牠們都被拖進了世界舞台的中央。而我們現在才開始發現，蚯蚓是多麼寶貴的生物。

或許最重要的是，蚯蚓不只有一類，其實有好幾千類。一般認為世界各地至少有三千種不同的蚯蚓，不過相關研究太少了，所以可能還有數千種蚯蚓藏在土裡，有待發掘。

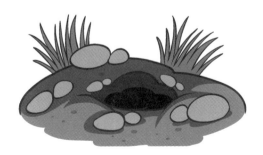

蚯蚓有大有小。不同種類的蚯蚓中，有的體長僅僅一公分，有的長達三公尺。蚯蚓的顏色繽紛多變，除了我們在後院常看到的低調褐色和粉紅色蚯蚓，也有綠色、紅紋的蚯蚓，甚至有些蚯蚓是漂亮的紫藍色。

趣味小知識

一群蚯蚓稱為「一團」，英文的集合名詞是 "clew"，這個字是由古英文 "cliwen" 變化而來，而 "cliwen" 指的是「一球線或紗線」。可用於一群蠕蟲的其他量詞，還有一口（a mouthful）、一灘（a bed）、一坨（a clat）、一堆（a bunch），以及扭來扭去的一群（a squirm）。

1／三大類蚯蚓

誰真的尊敬蚯蚓呢？蚯蚓可是草下泥土深處的農
工。蚯蚓讓土地不斷變動。蚯蚓的工作全都在土壤
裡，因土壤而無語，目不視物。

——哈利·艾德蒙·馬丁森
（Harry Edmund Martinson）

　　蚯蚓的種類非常多，我們先把牠們分成三大類，對於深
入認識牠們很有幫助。這些類別粗略根據了蚯蚓在土壤裡待
的地方，以及蚯蚓如何進食、挖地道。從地表開始，往土壤
深處去，會發現以下三類：

表層蚯蚓（表棲類，epigeic）

　　這類蚯蚓其實並不住在土壤裡，而是在地表潮濕溫暖、
分解中的葉子和有機質裡覓食。表層蚯蚓會吃這些腐敗物，

以及幫忙分解腐敗物的真菌與細菌。表層蚯蚓通常體型小，大約三到四公分長，牠們不會往地裡挖地道，體色通常是紅色或紅棕色。

　　這類蚯蚓包括斑紋漂亮的赤子愛勝蚓（Eisenia fetida）。赤子愛勝蚓時常住在堆肥裡，又稱為「紅蚯蚓」。由於農地缺乏永久的落葉層，所以赤子愛勝蚓很少見，牠們偏好的是草原和森林。

中層蚯蚓（內棲類，endogeic）

　　這一類蚯蚓住在土壤裡，不過通常會待在上層，深度最多大約三十公分。中層蚯蚓吃的是枯葉、真菌，以及混在淺層土壤裡的微小生物。中層蚯蚓也會在土壤中以水平方向挖掘，打造樹枝一般的通道網絡。牠們大多為中等體型，約八至十四公分長，體色極淡，例如粉紅、綠色或藍灰色。

深層蚯蚓（深棲類，anecic）

　　這一類蚯蚓的體長最長，可以在土壤中挖掘到深達三公尺的地方。深層蚯蚓會垂直挖地道，看起來很像電梯井。牠

們會在夜間爬到土表，尋找植物殘骸，再將之拖進地道裡進食。深層蚯蚓的體色也是紅色或褐色，不過頭部的顏色比較深，尾巴的顏色比較淺。在草地上留下一小堆糞土的，正是深層蚯蚓，而這些糞土堆稱為「蚯蚓糞」。

在深層蚯蚓的種類中，最知名的是普通蚯蚓（Lumbricus terrestris），牠又稱為地龍、土龍、曲蟮、蛐蟮、蟮、蜿、蜿蟺，是園藝愛好者的朋友，也是歐洲大部分地區最大型的原生蚯蚓。普通蚯蚓的體長大約九至三十公分，體型可能像鉛筆一樣粗，尾巴像船槳一樣扁平，這樣的構造有助於將身體固定在地道兩側。

2 / 蚯蚓群落的分布

　　然而，大自然並非那麼有條理。把蚯蚓歸納成三大類看似方便了解，但實際上，不同種類的蚯蚓之間的界線恐怕有點模糊。比方說，堆肥蚯蚓（例如有斑紋的赤子愛勝蚓）有時會和其他表層的表棲類蚯蚓區隔，自成一類。也有蚯蚓專家喜歡把中層蚯蚓獨立出來，按棲息的土壤深度和食性，將牠們分成三群。

　　實驗室裡的科學家可以乾淨俐落地將蚯蚓分門別類，但蚯蚓的行為並不會完全固定，因為牠們多少會因應環境而改變行為。蚯蚓有這種生態可塑性（ecological plasticity），能在不同的環境中展現出不同的行為或形態特徵。例如，暗色阿波蚓（Aporrectodea caliginosa）是中層蚯蚓，在北半球分步廣泛、數量繁多，牠們會挖出水平的短地道。但南半球的暗色阿波蚓卻和普通蚯蚓一樣，只會挖垂直的長地道，其行為表現得比較像深層蚯蚓。

很少有研究能證實土壤中的蚯蚓比例，例如，表層蚯蚓比深層蚯蚓多嗎？不過，英格蘭自然署（Natural England）曾有一項調查，[①]試圖查出哪種蚯蚓住在哪裡。

　　目前，數量最多的是中層蚯蚓，在他們找到的蚯蚓中占了大約四分之三；次多的是表層蚯蚓，大約占所有蚯蚓的五分之一；而深層蚯蚓只占二十分之一。不同種的蚯蚓似乎對彼此的存在不以為意，有些棲地甚至會有高達十五種不同蚯蚓組成的群落，悠然與彼此擦身而過，愉快地共存在同一個生態棲位中。[②]

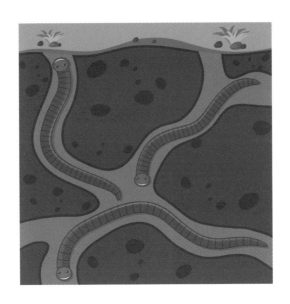

結果，所謂的普通蚯蚓並沒有那麼普通。普通蚯蚓那麼知名，在所有的蚯蚓中卻只占了八十分之一。相較之下，英格蘭自然署調查到的蚯蚓中，暗色阿波蚓這種小型的中層蚯蚓卻占了超過三分之一。暗色阿波蚓很好辨認，體色美麗，從頭部的紅色漸層到中段的淡粉紅色，最後的尾巴則是紫灰色，彷彿裝潢師使用的色票。

 趣味小知識

其實無人確定土壤裡有多少蚯蚓。不過，最近的估計顯示，即使在貧瘠的土壤中，每英畝可能也有二十五萬隻蚯蚓；而肥沃的土壤中，每英畝可能有將近一百七十五萬隻。

（資料來源：《鄉村生活》雜誌〔*Country Life*〕）

3／體型破紀錄的蚯蚓

這些蚯蚓多半待在淺耕的土地裡，較少棲息在深耕
的土壤中；不過，最多還是生活在休耕的土地中。
——《商業性農業與製造商雜誌》
（*The Commercial Agricultural and Manufacturer's
Magazine*），卷六（1802）。

　　在英國，保有體型最大紀錄的普通蚯蚓是「蚯蚓戴
夫」，牠的體長有四十公分，體重比一般蚯蚓重了五倍。戴
夫現身於英格蘭的一片菜園，現在則被後世永久保存在倫敦
的自然史博物館中。

　　不過，戴夫和全球最大的蚯蚓比起來，真是小巫見大
巫。澳洲的大蚯蚓（Megascolides australis）正是這樣的巨無
霸。這種溫和的巨蟲僅見於澳洲東南部維多利亞省的巴斯河
谷（Bass River Valley），身長平均一公尺，體型直徑達兩公

分。大蚯蚓緩緩地鑽過河岸邊潮濕的黏質底土，壽命可達五年，甚至更久。大蚯蚓活得愈久，長得愈大；年紀較大的蚯蚓樣本長達三公尺，簡直像一根排水管。

蚯蚓的體長紀錄保持者，是非洲巨型蚯蚓（Microchaetus rappi）。1967年，南非愛麗斯鎮（Alice）和威廉王鎮（King William's Town）之間的一條路上，出現了一隻龐大的蚯蚓。非洲巨型蚯蚓的平均長度是一‧八公尺左右，不過，那隻蚯蚓長達六‧七公尺，寬二公分，其長度相當於長頸鹿的平均身高。

蚯蚓似乎在未擾動的土地中更活躍，成長得更茁壯。一則近期研究發現，在蘇格蘭拉姆島（Isle of Rum）上，身型碩大的蚯蚓密度很高。[3]那座小島屬於自然保護區，有一隊科學家發現，島上某一地點的普通蚯蚓平均體重大約十二公克，比英國其他地方的普通蚯蚓重了三倍。島上受到保護的生態系具有許多有機質，而且少了許多會吃蚯蚓的哺乳類，例如獾、鼴鼠或刺蝟。這些蚯蚓所在的地方，正好有特別多的吸血寄生蟲「蜱」，因此人類根本不想在那裡定居及開墾。拉姆島的蚯蚓不受打擾，沒有人類活動或掠食者干擾，因此比英國其他地方的蚯蚓活得更久，也長得更大。

趣味小知識

在世界捉蚯蚓錦標賽（World Worm Charming Championships）中，「捉蚯蚓快手」的世界紀錄，是在半小時內捉到五百六十七隻，這位高明的紀錄保持人是一個年僅十歲的小女孩，名叫蘇菲‧史密斯（Sophie Smith）。

4 / 蚯蚓是何時演化
出來的？

在恐龍稱霸世界各地的時候，卑微的蚯蚓已經在恐龍腳下蠕動爬行了。近期的分析發現，所有蚯蚓的共同祖先，存在於距今至少兩億零九百萬年前。

當時，地球上還沒有七個分離的陸塊，只有一大塊超大陸——盤古大陸（Pangaea）。大約一億八千萬年前，這塊龐大而完整的陸塊開始分裂，蚯蚓則被帶到了地球最遠的邊陲，演化成今日我們看到的數千種蚯蚓。南極大陸是目前唯一沒有蚯蚓的大陸，不過從前很可能出現過蚯蚓，直到陸塊向南漂移，天寒地凍的氣候讓蚯蚓無法存活。

歐洲大陸約莫有兩百種不同的蚯蚓。英國本土並沒有大量的原生蚯蚓，最近的調查顯示只有二十六種。一般認為，在上次的冰河期中，英國僅存的蚯蚓都絕跡了。冰川終於消退之後，歐洲溫暖地帶的蚯蚓開始向北遷移，最後越過當時連接不列顛東岸和歐洲本土的陸橋，到達不列顛。所以，英國蚯蚓都算是歐洲蚯蚓。

5 / 如果蚯蚓滅絕了，
人類還能生存嗎？

哪個國家摧毀土壤，就是自尋死路。

──富蘭克林・羅斯福

（Franklin D. Roosevelt），

〈致所有州長的信，論統一的土壤保育法〉

（Letter to all State Governors on a Uniform Soil

Conservation Law,1937）

蚯蚓和蜂類一樣，屬於「關鍵物種」（keystone species），對生態影響深遠，少了牠們，人類就很難存活。

現代農業仰賴健康、肥沃的土壤。不論是種植穀物、果菜或工業作物（例如供應生質能、衣物纖維和動物飼料的作物），都有賴優質的土壤。即使乍看之下沒關聯的一些東西

（例如紙張和藥物），一開始也是在土裡生長的植物，需要蚯蚓的活動才能欣欣向榮。

　　少了蚯蚓，土壤就會死去。蚯蚓扮演了關鍵性的角色，能分解有機質（例如枯葉和花朵），讓分解的好料回歸土壤。多虧了蚯蚓不斷地吃了又拉，才能把有機質分解成細小的片段，釋放其中的養分，好讓植物、真菌和細菌吸收。估計蚯蚓每年會翻動全球土壤中 3.5×10^{10}（三五〇億）噸的陸地落葉層。[4]

　　蚯蚓在地面下鑽來扭去時，也讓土壤的空氣流通，使土壤變得輕盈蓬鬆。蚯蚓不斷地挖掘地道，產生氣穴（air pocket），有助於排水。如果土壤缺乏這些海綿狀的質地，很快就會變得硬實，容易淹水。不斷地翻土、攪動，有助於把土壤深處的養分帶回土表，方便植物吸收。舉例來說，科學實驗顯示，比起沒有蚯蚓的土壤，有蚯蚓的土壤平均會讓植物生長增加兩成。[5]

其實，蚯蚓非常擅於改善花園的土壤，甚至能幫助植物抵禦其他害蟲的攻擊。研究顯示，蚯蚓會讓植物從土壤中得到的養分價值大增，讓植物更能抵禦蟲害和草食性動物的啃食。如果植物經常遭受昆蟲或草食性動物傷害，就會改變葉片中的化學成分來自衛。而蚯蚓活動改善了植物的營養，植物就能產生更多防禦物質。例如，有一項實驗是把入侵種的西班牙蛞蝓（Arion vulgaris）引入微生態系，監控這些蛞蝓會造成多大的損害，而在有蚯蚓的樣區裡，受損葉片的數量減少了六成。⑥

6 / 蚯蚓與種子

　　說到種子發芽，蚯蚓也扮演了有趣的角色。土壤裡到處都是種子；植物落下種子的時候，有些種子並不會立刻發芽。種子受到掉落的地點影響，有些會萌芽生長，有些會腐壞，有些則會休眠，等待環境適當時再蓬勃生長。休眠的種子難免被蓋住，埋進土裡，一埋就是好幾年。這種策略很聰明；如果地面上的環境不適合植物生長，植物就能用地下「種子庫」的形式存活下來。

研究顯示，有些種類的蚯蚓在一口一口吃進土壤和落葉層的過程中，會吃下種子。蚯蚓吃進種子後，種子會隨著蚯蚓拉出的排泄物到土表上，這是種子有機會回到土表、開始生長的一個主要方式。

　　科學家也證實，種子通過蚯蚓腸道後，會提高發芽的機會，原因是蚯蚓糞的化學組成似乎讓種子更容易發芽。[7]另外，有個逆效應也很有利，那就是蚯蚓在日常活動中把種子埋進土裡，可能成為許多生態系建立大量種子庫的關鍵。

7／蚯蚓麻煩大了嗎？

忘記如何挖地、如何照顧土壤，
就是忘記我們自己。

——甘地（Gandhi）

　　現在，有些蚯蚓的處境很難熬。蚯蚓不同於自然界其他更耀眼、吸引人的物種；蚯蚓及其故事很少受到關注。有些比較珍奇的蚯蚓（例如澳洲的大蚯蚓）主要是因為棲地消失而瀕臨絕種，其他地方的情況也不太樂觀。

　　研究顯示，整體而言，某些地區的蚯蚓數量持續下降，尤其是在實施集約農業的地區。研究者不知道確切發生了什麼事，但懷疑過度耕耘（用機械挖土、翻土）、某些種類的作物、土壤中的塑膠微粒，以及濫用殺蟲劑，可能對蚯蚓數量減少有很大的影響。

例如，近期對於英格蘭農地的一項研究發現，有將近半數的土地，蚯蚓數量嚴重不足。該研究總共調查了一千三百公頃的農地，超過四成的田地顯示「蚯蚓多樣性很差」，表層蚯蚓與深層蚯蚓很少，甚至找不到。雖然大部分田地都有不少中層蚯蚓，卻有五分之一的田地完全沒有表層蚯蚓，大約六分之一的田地則完全沒有深層蚯蚓。

　　這些調查主要由參與研究的農民負責，調查結果令他們憂心，超過半數的人因此承諾要改變管理土壤的方式。[8]歐洲各地也有類似的發現，例如在斯洛伐克的一項研究發現，草地的蚯蚓密度將近是農地的兩倍。[9]

　　不過，有一些好消息是：牧場和花園這樣的棲地，似乎養著大量的蚯蚓。最近由蚯蚓守望（Earthworm Watch）機構進行的一項公民科學調查發現，以每公尺兩百隻蚯蚓的密度，套用到英國的一般住家，那麼每戶家庭的後花園都有三萬兩千隻蚯蚓。

8／蚯蚓數量減少，
對人類有什麼影響？

　　郊區花園和草地是蚯蚓的避風港，這是個好現象，然而農地的狀況卻很糟糕。蚯蚓數量少，顯示土壤肥力不佳，進而表示作物產量低，然而，全球人口不斷攀升，這是糧食供應的實際問題。

　　土壤肥力不佳，植物也沒那麼營養了。2004 年刊載於《美國科學人》（*Scientific American*）的一項研究，比較了 1950 年代和世紀交替年間，作物與蔬菜中的養分，發現蛋白質、鈣、磷、鐵、維生素 B_2 和維生素 C 的含量大幅下降。[10]

　　蚯蚓的數量減少，也影響了以蚯蚓為食的野生動物；例如，歐歌鶇的群族近年來大量減少，一般認為這種情況多少與春天缺少蚯蚓來餵食雛鳥有關。蚯蚓少了，所以雛鳥不是

餓死在巢裡，就是離巢之後無法成長茁壯。少了蚯蚓，其他刺蝟、狐狸、知更鳥、鼩鼱、鼴鼠、森鼠和獾等野生動物，也很難找到足夠的食物。例如，獾的食物大約有六成是蚯蚓，而美洲知更鳥一天抓到的蚯蚓總長度可達四公尺。

近期的研究也發現，人們長期使用殺蟲劑，似乎對蚯蚓有直接的影響。丹麥與法國合作的一項研究發現，施用在作物上的農業殺蟲劑會阻礙蚯蚓生長，使得蚯蚓的繁殖力大幅下降。參與這項研究的科學家發現，雖然蚯蚓能忍受土壤中一定濃度的殺蟲劑和滅真菌劑，也發展出解毒的策略，但這種行為其實要付出代價。蚯蚓的身體必須耗費極大的能量，才能持續排除有毒物質，因此在大量噴灑農藥的區域，蚯蚓生長遲緩，繁殖率下降。[11]

蚯蚓減少，土壤會變得更扎實。如果農地無法吸收雨水，逕流就會流入當地的水道。然而，逕流水時常受到殺蟲劑、硝酸鹽和其他化學物質污染，一旦流進溪流河川，就會對水生生物造成極大的傷害。土壤要能有效率地吸收水分，蚯蚓的地道就要彼此相連，宛如下水道的巨大網絡，但研究顯示，耕耘會嚴重破壞這些排水管道，使它們無法發揮效用。其他農業活動，例如濫用殺蟲劑，也證實會因為提高了蚯蚓的死亡率，進而影響土壤吸水的速度。

　　蚯蚓的地道受到破壞，無法那麼有效地排水，看起來或許不是什麼大問題，但是雨水無處可去，最終會形成洪水，破壞家宅、公共空間和服務設施，讓人類與社群遭受無窮的

苦難。充斥著蚯蚓通道的土壤，比較不容易形成暴洪；有鑑於美國每年死於洪災的人數多過於颶風、龍捲風或閃電，[12]卑微蚯蚓的生態意義就顯得更重要了。

除了集約農業，蚯蚓還受到另一種外來威脅。某些扁蟲，尤其是紐西蘭扁蟲（Arthurdendyus triangulatus）對歐洲原生的蚯蚓造成嚴重的威脅。這些緞帶似的小生物原本藏在園丁的盆栽裡，意外踏上歐洲海岸。紐西蘭扁蟲細瘦而有彈性，似乎很喜歡吃蚯蚓，牠們會先用身體纏住蚯蚓，然後分泌消化液，把蚯蚓液化。研究者發現，一隻扁蟲一星期可以囫圇吞下十四隻蚯蚓，即使特定地點的蚯蚓數量大幅減少，扁蟲也能撐一年，等待蚯蚓的數量增加，再度發動攻勢。

近期的研究也發現，蚯蚓的健康面臨了一種意想不到的新威脅：土壤裡的塑膠微粒。[13]塑膠微粒直徑小於五公釐，隨處可見，廣泛散布在海洋和土壤中。塑膠微粒有兩個來源，一種是以細小碎片進入環境中的「初級塑膠微粒」，例如超細纖維、微珠和塑膠原料顆粒。另一種是較大塊的塑膠，例如塑膠瓶、塑膠袋和塑膠包裝，隨著時間而降解、分解成細小的碎片。在此研究計畫探討這個問題之前，從來沒有人研究過塑膠微粒對蚯蚓的影響。如果表層蚯蚓（赤子愛勝蚓）連續兩週接觸到含有微量螢光聚苯乙烯微粒的泥土，即使聚苯乙烯的含量很低，也顯示蚯蚓接觸到塑膠微粒之後，細胞和DNA都受到傷害。

餵食蚯蚓

- 土壤裡加入愈多有機質，就會養出愈多蚯蚓。在「野外」的自然環境下，土壤狀況通常變動不大，生長、腐化的循環全年無休，可以確保足夠的有機質再度進入土壤中，此外還有動物糞便和分解中的動物殘骸。

- 花園和其他栽培空間（例如菜圃），通常從土壤裡拿出的營養比放進去的多。我們清除落葉、拔掉枯死的植物、每一季末清除留下的自然殘留物，然而這些都是讓土壤更肥沃的物質。

- 在土壤中加入有機質的方式有幾種：自製堆肥（見〈如何幫助蚯蚓之三〉）、市售堆肥、市營堆肥（由政府經營的回收中心生產）、商業栽培者生產的菇類堆肥、釀酒商的酒花粕、腐熟的糞肥、咖啡渣、腐葉土和樹皮堆肥。

- 趁生長季開始之前，在春天施用有機質。園藝機構通常建議至少加入五公分深的有機質，不過即使只抓一大把撒下去，也能為蚯蚓改善土壤裡的養分。每年可持續加入額外的堆肥。

9 / 怎樣才是對蚯蚓
友善的農法？

農人有什麼好幫手？……地理學與化學，鑽動的風，溪裡流水，雲中的閃電，蠕蟲的排泄物，還有下霜時犁地。

——拉爾夫・沃爾多・愛默生
（Ralph Waldo Emerson），
〈農耕〉（Farming），
出自《社會與孤獨》（*Society and Solitude*, 1870）

　　讓花園裡的蚯蚓快樂的原則，在農地也適用；蚯蚓需要食用大量分解中的植物體，而且盡量避免被打擾。

　　如果一種農耕法不斷在作物殘留物回收到土壤之前，就移除作物殘株，蚯蚓會很難找到食物。倘若我們想辦法增加留在農地的有機質，例如留下作物殘株、使用綠肥（例如首

蓿或野豌豆）做為覆蓋物，或是靠著輪作讓土壤有機質增加，甚至把一些可耕作的土地改成永久的牧場；這些作法都能增加蚯蚓可獲得的植物材料。

挖土和翻土（尤其是機械大規模施作）也會帶給蚯蚓一些麻煩，包括破壞蚯蚓地道，讓蚯蚓的卵繭移位，時常把蚯蚓帶到土表，使蚯蚓曝曬在紫外線下或脫水而死亡，或是被天敵吃掉。經常翻土也容易讓土壤乾燥，但蚯蚓需要潮濕的土壤，這可是蚯蚓的大災難。

免耕農業（No-till farming，編註：一種不翻土、不除草的耕作方式）、留下作物殘留物、種植覆蓋作物、不使用機具來播種等等作法，都經過測試，能改善土壤健康，恢復蚯蚓族群的數量。

不過，把問題怪到農民頭上並不公平。我們都扮演了某種角色。消費者希望食物便宜，價格因此受到壓抑，讓農民不得不減少對土壤的輸入，並提高土壤的輸出。短期租賃和能源作物需求等等問題，都讓這種作法變本加厲；短期租賃使得農民無法長期思考自己的土地，而能源作物（例如玉米）的需求，則會加重土地劣化的情況。這方面的教育、政府動機和國家政策不足，無法幫助農民得到正確的建議，學到新作法，取得新設備。

10 / 蚯蚓如何影響
氣候變遷？

土壤、地球、動物與人類的健康實為一體，
不可分割。

──亞柏特‧霍華德爵士

（Sir Albert Howard, 1873~1947）

近年來，有人認為蚯蚓可能會增加溫室氣體的排放。科學家懷疑，蚯蚓在活動及翻土的時候，會不會把土壤中的二氧化碳釋放到大氣中。

土壤是碳的一大儲藏庫，植物從空氣中吸取碳，透過根部，輸送到土壤裡。在挖起、翻動及耕作土壤的時候，會讓碳加速釋放到大氣中。一般人認為，蚯蚓會把土翻起來，因此也可能加速碳釋放的過程。

然而，新的研究顯示，蚯蚓有助於讓碳變成穩定的形態，更容易留在土壤中。當土壤通過蚯蚓的消化道時，土壤中的碳會轉化成比較不容易分解的形態。土壤從蚯蚓的另一端出來之後，結構也變得比較鬆散，不只有助於保住碳，也能讓更多植物生長，進而從大氣中吸取更多的碳。

　　其他研究也顯示，深層蚯蚓會改變碳在土壤裡的分布，把碳帶向地下更深的地方。當碳靠近土表的時候，一旦進行耕作，碳就很容易釋出。深層蚯蚓把碳從表土帶向深層的底土，那裡的土壤就比較不容易受擾動。

11 / 蚯蚓與太空旅行

　　我們還沒有在其他星球找到生物，但這不表示蚯蚓不會在太空探索中扮演某種角色。最近有一項超級有趣的蚯蚓實驗，測試了蚯蚓能不能在類似從火星找到的土壤裡生存。如果人類想在那顆「紅色星球」上生活，最大的挑戰就是如何在火星上栽培作物。然而，火星土壤既貧瘠又充滿有毒物質，科學家認為，唯一的辦法是改造火星土壤。

　　有一項神奇的研究不只設法讓蚯蚓在模擬的火星土壤裡存活下來，那些蚯蚓甚至開始繁殖，誕生新的蚯蚓寶寶。外太空任何自給自足的農業系統中，養分再利用都是至關緊要的，它們要從植物和人類排泄物回到土壤中。美國太空總署相信，蚯蚓是這個過程的關鍵。研究的下一個階段，是調查哪一類的細菌和真菌能應付火星的土壤，最重要的是，作物要怎麼授粉。因此，下一個研究對象是熊蜂。

太空旅行也揭露了地球上的另一個科學之謎。南美洲的奧利諾科河（Orinoco river）附近的濕地，散布著一群古怪的土丘，當地人雖然很熟悉，但直到1940年代才有科學家描述。

　　這群土丘奇妙地相似，間隔相同，宛如一大片鑲嵌畫，當地人稱之為「蘇拉雷」（surale）；沒有人能解釋這些土丘是怎麼出現的，土丘最大可達兩公尺高、五公尺寬，分布範圍涵蓋兩萬九千平方英里。唯有從太空才能看出蘇拉雷的實際範圍有多廣，但直到最近，才有人能解釋為什麼有這些土丘。始作俑者原來是巨大的蚯蚓，這些蚯蚓挖過積水的土壤，產生巨大的蚯蚓糞堆。

12／為什麼說
蚯蚓是「蟲」？

然後蟲醒過來；衝突的動機不同了──蟲爬到岩石
上，冷酷無情地看著仇敵的腳印……

──《貝爾武夫》（*Beowulf*）

　　"Worm"（蟲）這個字歷史悠久，但它的意義隨著時間
而變遷。在盎格魯撒克遜的古英文中，"wyrm" 這個字用
來泛指所有爬行、蠕動或滑行前進的動物。這個類別十分廣
泛，蛙類、蝸牛、蛇、蠍子、蚯蚓和許多無關的其他動物，
都會被歸到這一類。不過，這些動物的共通之處，是牠們都
不受歡迎。被稱為 "wyrm" 的動物，都被視為有害、令人
厭惡又危險。"vermin"（害蟲）和 "wyrm" 源於同一個字
根，我們至今仍用這個字眼來形容麻煩的害蟲。

"Wyrm" 也包括神話動物，像是被派去折磨靈魂的動物、住在地下世界的惡魔，以及嚇人的巨蛇。這個字甚至被用來描述龍和龍形生物，而這些歐洲民間傳說裡的傳奇動物會驚擾村民，吞食家畜。就連莎士比亞也在劇作《安東尼與克麗奧佩脫拉》（*Antony and Cleopatra*）中用到這個字的古體，稱呼毒蛇為「殺人於無痛的尼羅河美蟲」。

 趣味小知識

> 普通蚯蚓的拉丁學名 "*Lumbricus terrestris*"，其由來更是奇妙。我們並不清楚 "lumbricus" 這個字一開始是怎麼用來形容蚯蚓的，但有一種可能是：這個字與拉丁文單字 "*umbilicus*" 有關。"*umbilicus*" 的意思是肚臍（而肚臍的英文 "unbilical cord" 正是由這個字演變而來），古人相信，蚯蚓和腸內寄生蟲是同一種生物。

13 / 達爾文為什麼對蚯蚓很著迷？

　　查爾斯·達爾文在生命最後的歲月裡，想寫一本與蚯蚓有關的書。同行科學家大多覺得達爾文是世界傑出的生物學家，但他的新題目竟然不那麼驚豔。然而，達爾文一向對這種生物深深著迷，認為牠們「多得數不清卻默默無名，還能改變大地」。

　　從許多方面來看，選擇這個題材很大膽，尤其十八、十九世紀間，一般人覺得蚯蚓很討厭，是麻煩的花園害蟲，必須從土裡清除。法蘭斯瓦·侯吉耶（François Rozier）的《農業全書》（*Complete Course of Agriculture*）撰寫於十八世紀後半，表明了蚯蚓是有害動物，必須盡一切可能消滅：「所有栽培者……都知道蚯蚓對種子的危害……因此最好要知道怎麼消滅蚯蚓。」侯吉耶接著提出移除、殺死蚯蚓的一

系列辦法，包括深夜帶著提燈出去，悄悄收集蚯蚓，用槌子搥地，直到蚯蚓冒出頭來；把一截木樁搥進土裡，搖動木樁，直到蚯蚓出現；還有把各種有毒藥劑倒在土壤上。[1]

農人也痛恨蚯蚓，怪罪蚯蚓破壞作物。例如，蕪菁農夫亨利・瓦杰（Henry Vagg）對於蚯蚓毀了他寶貴的蕪菁相當憤怒，並在1788年投書《漢普郡紀事報》（*Hampshire Chronicle*）：「都是普通蚯蚓幹的好事，讓植物周圍的地面鬆垮空洞，害植物容易受傷。」亨利接著吹噓，他的解決辦法是反覆把土碾平、壓下去。我們現在知道，把土壤壓實會造成不良效應，與亨利・瓦杰的作法完全牴觸。

不過，雖然種植者鄙視蚯蚓，達爾文卻不為所動。達爾文的作品出版於1881年，是觀察普通蚯蚓四十年的成果。達爾文將它取名為《腐植土形成與蚯蚓的作用，及其習性觀察》（*The Formation of Vegetable Mould through the Action of Worms with Observations on their Habits*），不過時常被簡稱為《蚯蚓》。這本書題材卑微卻大賣。雖然達爾文形容那是「不太重要的小書」，但第一個月就賣出三千五百本。三年後，已有將近九千本被搶購一空，這個數字遠遠超過達爾文的其他文學成就，包括《物種起源》。

就連達爾文都很驚訝大眾對他的著作這麼有興趣；他

在1881年11月8日寫給地質學家梅拉德‧李德（Mellard Reade）的一封信裡提到：「我萬萬沒想到有這麼多人關心這個題材。」當月，達爾文又寫信給另一位朋友，植物學家威廉‧西塞爾頓‧戴爾（William Thiselton-Dyer）：「讀者對我的書表現出幾近可笑的熱情，已經賣出了三千五百本！」

達爾文研究蚯蚓的一個理由，或許顯得不可思議。達爾文身為科學家，卻非常有哲學精神，在他的眼中，這種最渺小、看似最不重要的生物，卻握有自然界最神奇過程中的關鍵。不過，這本書的原始構想來自達爾文的舅舅，約書亞‧威治伍德二世（Josiah Wedgwood II，是知名英國陶藝家之子），他希望達爾文解釋他放在花園土地上的有機質為什麼會逐漸消失。

威治伍德猜測始作俑者可能是蚯蚓，不過達爾文做了實驗，才終於解開這個謎。達爾文將他著名的「蚯蚓石」放在地上，標示蚯蚓石年復一年被緩緩埋進土裡的過程。蚯蚓石是一輪圓形的石頭，中央有個椿子方便測量。達爾文意識到，蚯蚓會鑽過土壤，把新的土壤堆在土表，讓土表的小卵石或巨石緩緩下沉。

蚯蚓的行為也一向令達爾文興奮、著迷。他是最早提出蚯蚓可能有社會關係（見Part 3的13.〈蚯蚓會結交朋友

嗎？〉）、食物偏好、厭惡強光、對振動敏感的科學家之一；而且達爾文甚至懷疑蚯蚓有某種基本智能。

達爾文欣喜地看著實驗中的蚯蚓如何按形狀選擇葉片，再將之拖進地道。蚯蚓通常從比較尖的那端拉扯葉片，讓葉片更容易進入地道中。達爾文進一步調查，把紙張切成窄窄的等腰三角形，看蚯蚓能不能抓住這些紙片的「最尖端」；結果大部分蚯蚓確實會扯著這些小三角形的頂端來拖動，也就是最可能進得了地道的那一頭。達爾文驚奇地寫道：「看起來蚯蚓對於物體和地道的形狀具有概念（不論多麼簡略的概念），若真是這樣，蚯蚓就稱得上有智能；因為接下來蚯蚓幾乎就像人在類似的情境一樣行動。」（見 Part 3 的10.〈蚯蚓可以訓練嗎？〉）

註釋

[1] 侯吉耶在法國大革命的里昂圍城時，被一枚炸彈炸死，死狀悽慘、血肉模糊。

〈 如何幫助蚯蚓之二 〉

盡量避免挖土

- 蚯蚓討厭受到打擾。要是不斷挖土、耕地，會擾亂蚯蚓的自然行為，還可能把蚯蚓截成兩半，甚至破壞蚯蚓的地道。經常耕種、翻土，也會破壞脆弱的土壤生態系，而一小把泥土裡的生物，比全球人口還要多。

  數十億微生物（例如細菌、藻類、真菌和線蟲）在一個活生生、會呼吸的地下群落裡辛勤工作；地球上的生物，有四分之一都在土裡。攪動土壤就像把挖土機開進雨林，讓這些微生物曝露在紫外線和乾燥空氣的傷害下，破壞平衡，最後讓土壤變得更貧瘠、生產力降低。

● 一般來說，其實不用讓土壤透氣，這種事有蚯蚓負責。蚯蚓也會替你把土表的有機質拖進土裡。非要挖掘的話，盡量用耙子。也不要踩過泥土地，把土踩實了。有些實際的作法可以解決，例如鋪設踏腳石、建造木頭棧道、架高植栽床、設置花園小徑，或是別裝設過寬的栽植床，都能避免這個問題。

14 / 蚯蚓可以吃嗎？

沒人愛我。我要跑去花園裡吃蟲。

—— 安農（Anon，二十世紀初）

　　蚯蚓是委內瑞拉的馬基里塔雷人（Makiritare）的命脈。他們會吃兩種不同的蚯蚓：庫魯蚯蚓（Andiorrhinus kuru）、莫托蚯蚓（Andiorrhinus motto），這兩種蚯蚓都含有大量的優質蛋白質，且含量相當於牛奶和雞蛋。蚯蚓本身也充滿胺基酸、脂肪酸、礦物質和微量元素，包括豐富的鈣和鐵（含鐵量比黃豆高了十倍）。[14]

　　馬基里塔雷人讓蚯蚓可以入口的作法，是在低於沸點的熱水（攝氏六十到八十度）裡烹煮，如果想精心烹調，可以在柴火上燻烤。燻蚯蚓被視為珍饈，價格是燻魚或燻肉的三倍。蚯蚓也是紐西蘭的毛利人、澳州原住民和巴布亞紐幾內亞遊牧民族的傳統食物。

放眼未來，我們非常需要其他永續蛋白質的來源。科學家嘗試把蚯蚓當作人類食物和動物飼料，因為培育無脊椎動物，可能是下一個世紀確保飲食無虞的一個辦法，而且能因應全球畜牧業造成最糟的環境過載的情況。目前可以買到蚯蚓乾或蚯蚓肉條這些即食點心，還有蚯蚓粉，可做為食譜或能量棒裡補充蛋白質的成分。

這表示我們應該跑去花園裡吃蚯蚓嗎？恐怕不是。首先，蚯蚓的滋味通常和牠們吃的東西一樣。花園裡的蚯蚓嚐起來是土味，所以食用級的蚯蚓會被餵食菜渣、玉米粉或土壤以外的其他主食。

第二個問題是，花園裡的蚯蚓身上可能有寄生蟲和細菌，除非你知道怎麼清理和料理，否則把牠們吃下肚的下場會很慘。曾經有人刻意或意外吃下「野生」蚯蚓，結果大病一場。例如，美國的一個臨床案例是一名十六歲的女孩在膽量挑戰中吃下一隻蚯蚓，一個月後出現咳嗽症狀、一些血液疾病，還有肺病。[15] 檢驗顯示，那隻蚯蚓身上有蛔蟲的幼蟲。蛔蟲這種致病性寄生蟲住在貓狗的腸道裡，再進入糞便中，最後隨著排泄物進入土壤。

不過，或許最大的問題是，蚯蚓是園藝愛好者的朋友。
相較於商業養殖的蚯蚓，野外的蚯蚓在土壤健康上扮演了極
為重要的角色；以永續之名開始吃蚯蚓，感覺違反直覺，就
像啃食知更鳥一樣。

 趣味小知識

蚯蚓平均熱量是每公克五大卡，因此平均一隻普
通蚯蚓大約二十大卡，相當於一顆球芽甘藍。

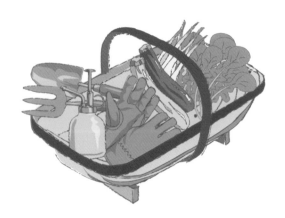

15 / 為什麼有些人覺得 蚯蚓很噁心？

edible，形容詞，好吃，易於消化，就像蟲之於蟾
蜍，蟾蜍之於蛇，蛇之於豬，豬之於人，人之於
蟲。

——安布羅斯·比爾斯（Ambrose Bierce），

《魔鬼辭典》（*The Devil's Dictionary*），

收錄於《安布羅斯·比爾斯作品集》

（*Collected Works of Ambrose Bierce, 1911*）

　　許多人一想到要吃環節動物（蠕蟲）就受不了，蚯蚓點心恐怕很難銷售。為何會這樣呢？1990年代，倫敦熱帶醫學院（School of Tropical Medicine）進行了野心勃勃的國際調查，想確認有沒有不分民族或文化，一概覺得噁心的東

西。雖然有許多文化特性和地區特徵的差別，但似乎有一些核心事物遭到世界各地大部分人的厭惡，以下不依特定順序排列：身體分泌物、身體部位（傷口、屍體、腳趾甲屑等等）、腐敗的食物、病人；說來奇妙，還有蠕蟲。

　　心理學家認為，覺得蠕蟲噁心的觀念，幾乎放諸四海皆準，因此一定有某種遺傳或演化的因素。我們演化成看到蠕蟲會畏縮，可能是為了避開某些有害的物種，尤其是人類腸道寄生蟲，像是條蟲。因此，即使大部分的蠕蟲無害，但覺得蠕蟲噁心的想法，卻深植在我們的腦海中。有些人的反應很輕微，只有想到吃蚯蚓才覺得恐怖；有些人即使只是看著蚯蚓，都會觸發噁心的感覺。

　　吃蚯蚓的小型社會或許是出於需求，而不得不克服噁心的反應，然後隨著時間，強勢而長久的文化價值觀壓過了演化的價值觀。

16／蚯蚓是一種「藥方」

所以，先生，如果你還想活命的話，在服用輕瀉劑
的前一、兩天，服下三隻蟲，不多不少，因為神偏
好奇數。

——約翰・德萊頓（John Dryden），

〈公雞與狐狸〉（The Cock and the Fox, 1700）

　　數百年來，蚯蚓也是一味藥材。緬甸和印度的民俗醫生
一向用蚯蚓來治療各種疾病，包括牙齦炎、產後虛弱和天
花。[16]伊朗人會把蚯蚓加入麵包烘焙，以治療膀胱結石，乾
燥服用以治療黃疸，還會用蚯蚓灰按摩頭皮，促進生髮。

　　十六世紀的中醫典籍《本草綱目》，把蚯蚓描述成「地
龍」，用於治療黃疸、利尿和退燒。現在中國仍用蚯蚓治療
痙攣和氣喘。

古羅馬作家兼博物學家老普林尼（Pliny the Elder）在論文《自然史》（*Natural History*）中，建議用蚯蚓治療數十種病痛。

在三十卷三十九章，〈生物藥材〉（*Remedies Derived from Living Creatures*）裡，老普林尼熱心地給予以下的建議：

蚯蚓對於新創傷有驚人的療效，一般認為即使肌腱被切斷，七日後，蚯蚓還是會讓肌腱癒合，因此建議將蚯蚓保存於蜂蜜中。燒焦蚯蚓灰加上焦油或辛布里亞（Simblian）蜂蜜，可以燒灼潰瘍硬化的邊緣。有些人把蚯蚓曬乾後，混著醋敷到傷口上，過幾天再取下，具有消炎效果。

老普林尼也建議，取出碎骨頭時使用燒焦的蚯蚓；把蚯蚓泡在葡萄酒裡喝下，可以幫助婦女排出胎盤；用蚯蚓塗抹乳房的膿瘍，或佐著蜂蜜酒服下，可促進泌乳。老普林尼建議，用油煮蚯蚓後倒進耳朵，可以治療牙痛，或是把烤焦的蚯蚓抹在蛀牙上，讓牙齒比較容易脫落。老普林尼繼續寫道，不起眼的蚯蚓甚至能除掉腳上的雞眼、預防靜脈曲張、

治療腎結石、對付黃疸、治好蜂窩性組織炎、保持頭髮烏黑亮麗。

蚯蚓也出現在治療動物病痛的藥方裡。比方說，在1764年的《蘇格蘭雜誌》（*The Scots Magazine*）裡，刊載了約克郡有一種治療馬瘟的方法，包括把一茶杯的蚯蚓包裹在布裡，再放進淡啤酒裡熬煮。

雖然裝袋熬煮的蚯蚓令人興趣缺缺，但蚯蚓的醫藥潛力還有待探索。臨床研究顯示，蚯蚓具有驚人的抗菌、抗氧化、癒傷、抗發炎、抗腫瘤、保肝與抗凝血特性。[17]蚯蚓的生物活性組成那麼豐富，可能成為製藥產業重要的藥物來源。在不久的未來，心臟或血管疾病之類的問題可能會用蚯蚓製劑來治療。除了生髮的功效，看來老普林尼並沒有寫得太離譜。

趣味小知識

並非人人都想過蚯蚓能治病。1908年，一名水牛城醫生希蘭·沃克（Hiram Walker）深信癌症是蚯蚓造成的。沃克在研究七年之後得到結論，認為癌症是蚯蚓體內流出的寄生蟲導致，建議他的病人別再吃任何蔬菜，以免染上癌症。

——資料來源：《癌症惡疾》（*The Dread Disease*），

派特森（J.T. Patterson），2009 年

製作堆肥

- 堆肥就像食譜。某一種材料放太多，做出來的料理就壞了，但只要用料平衡，就會得到富饒的深色有機質，讓你撒在花園裡，有助於蚯蚓生長。

- 堆肥堆需要兩種東西：富含氮和富含碳的成分。富含氮的材料通常肥厚、翠綠或濕潤，像是草屑、綠葉或菜渣。

- 富含碳的材料通常比較乾燥，呈褐色，像是厚紙板或木質的莖，會讓堆肥保持透氣良好。綠色和褐色的組成應該一比一，所以每加進一堆綠色材料，就要加入等量的褐色材料。

〈 如何幫助蚯蚓之三 〉

- 你可以把堆肥堆成一堆，放在儲藏間、箱子或堆肥桶裡，端看哪種適合你的花園大小，依你可以撥出多少空間來堆肥而定。

- 只要一整年之中持續加進一層層綠色和褐色材料就好。嚴守一比一的原則，就不會得到鬆散發臭的一堆（太多綠東西），或是又乾又脆的一堆，得花上好幾年才能分解（太多褐色材料）。混合的材料愈多樣化愈好，不要讓一、兩樣材料占了大部分。後面會列出綠色和褐色材料各有哪些。

- 一般人喜歡經常翻動堆肥（一個月一次），以加速分解過程。不過，如果是用開放式堆肥，而不是封閉的堆肥桶，就要考量到有些生物（例如刺蝟、熊蜂、蟾蜍）可能會用堆肥堆作窩。這樣的話，最好選在晚春，一年翻動一次

堆肥。只有這時候，才能好好挖動堆肥堆，翻動堆肥、讓堆肥透氣，而不必擔心傷到可能在裡面築巢的動物。例如，刺蝟會從十一月到三月底在堆肥堆裡冬眠，不過牠在五月到十月也會把堆肥堆當作築巢地或日間棲息的窩。有些人決定完全不要翻動堆肥，這樣沒什麼不好，最後還是會得到堆肥，只不過花的時間比較長。

• 花園裡有個飼養箱，有助於提高土壤裡的蚯蚓天然密度。飼養箱是特製的容器，其中有一群堆肥蚯蚓，通常是赤子愛勝蚓或類似的蚯蚓。這些蚯蚓永遠住在飼養箱裡，把你的廚餘和菜渣變成營養的堆肥和液態肥料，供花園使用。把飼養箱的堆肥放進你的花園，又會吸引更多野生蚯蚓來到你的土裡。

綠色材料

- 草屑
- 生的蔬果殘渣、果皮
- 蕁麻
- 枯萎的花朵
- 茶葉
- 草食性動物排泄物
  （例如馬糞、羊糞，但不包括貓狗糞便）
- 鳥糞
- 咖啡渣
- 寵物和人類的毛髮

褐色材料

- 打碎的木質莖
- 修枝、修剪樹籬時剪下的枝葉
- 碎木片、碎樹皮
- 枯葉
- 壓皺的厚紙板、牛皮紙、紙捲管、蛋盒
  （把這些材料壓皺後，能提供理想的氣穴，
  有助於分解）
- 麥桿或乾草
- 鋸木屑

Part 2

蚯蚓的身體

我不想當蒼蠅！
我想當蠕蟲！

──夏綠蒂‧柏金斯‧紀爾曼（Charlotte Perkins Gilman），
〈保守主義者〉（A Conservative, 1915）

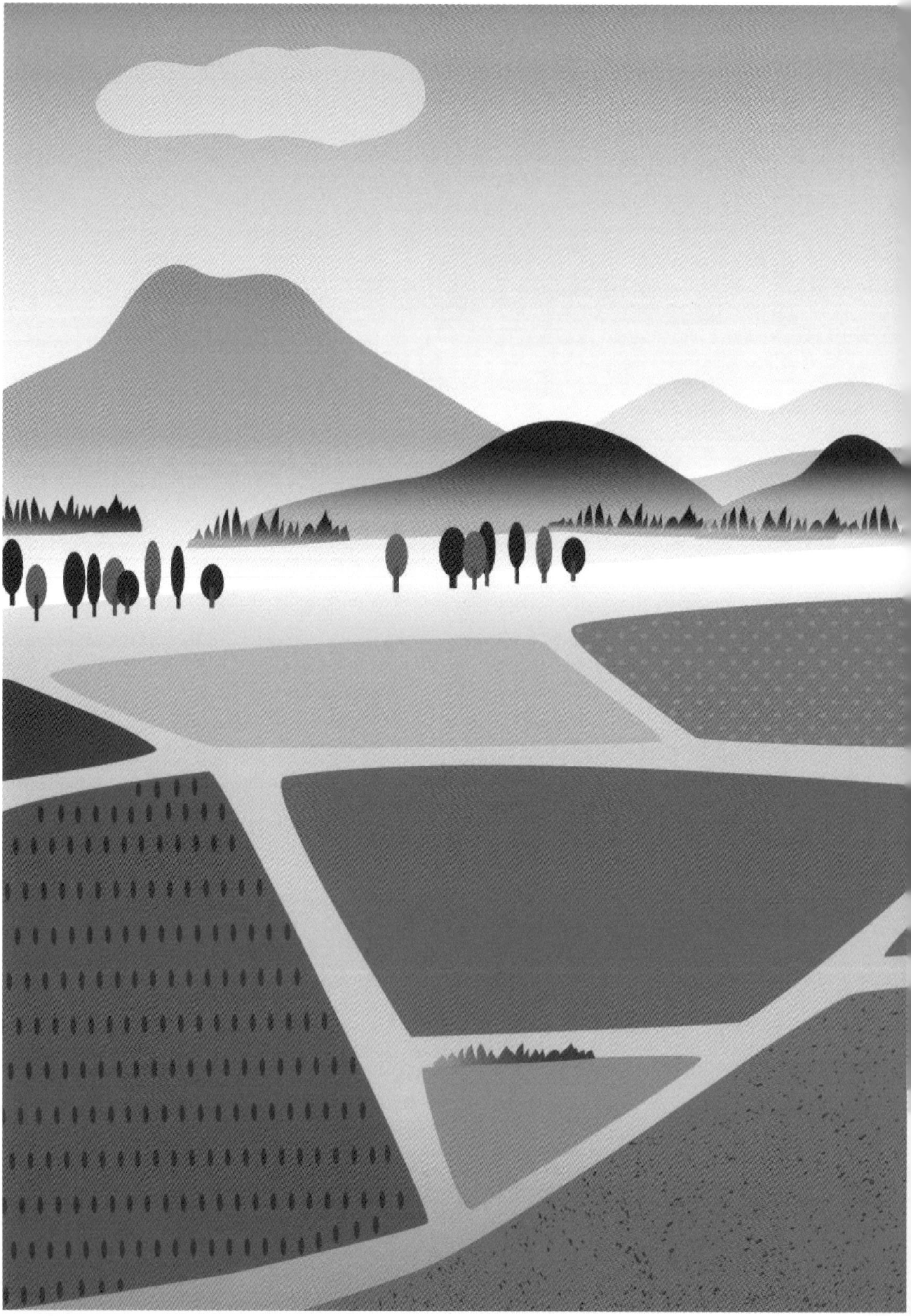

蚯蚓的身體基本上有長長的消化系統，一端是嘴巴，另一端是屁股。蚯蚓是無脊椎動物，沒有骨架，身體是由盤狀的體節組成，其中充滿肌肉和液體。不同種類的蚯蚓，體節數目也不同，例如成年的普通蚯蚓有一百到一百五十個體節。

消化系統

蚯蚓與水蛭和沙蠶的關係很近，都屬於環節動物（annelid，「小環」之意），這類動物是有體節的蠕蟲。消化系統位在蚯蚓身體的中央，口部之後是食道、嗉囊（用來儲存食物）、砂囊（類似胃，用來研磨食物）、腸，最後是肛門。

心與肺

蚯蚓沒有肺，而是透過皮膚呼吸。蚯蚓有五對簡單的「心」，稱為動脈弧，位在蚯蚓頭部，會將血液打到蚯蚓全

身。血液流到靠近蚯蚓體表的時候，就會透過一層薄薄的皮膚吸收氧氣，釋出二氧化碳。若要透過皮膚交換氣體，蚯蚓的皮膚就必須保持濕潤，所以蚯蚓不只生活在潮濕的環境，而且渾身包覆在由黏液分泌細胞所產生的黏液中。一旦乾掉，蚯蚓就會死亡。

神經系統

蚯蚓也有腦和神經系統，能控制活動，幫助蚯蚓察覺環境刺激，例如熱、化學變化、振動、溫度和光。蚯蚓的中央神經系統，包括一個簡單的腦和一條長長的神經索。神經索縱貫蚯蚓全身，在每個體節都有小小的隆起（gangla，神經節）。這些小隆起的作用就像迷你電腦，能控制各自的體節。神經索也有比較小的神經發散出去，連接到蚯蚓的肌肉和感測器，而這整個系統持續「解讀」周遭的環境，讓蚯蚓能在土壤中活動。

1 / 蚯蚓看得見嗎？

　　如果住在地下，眼睛就沒什麼用處了。不過，這不表示蚯蚓「看不見」或感應不到光線。蚯蚓不像哺乳類動物一樣有眼睛，而是在皮膚上有特殊細胞：光感受器（photoreceptor）。這些光感應細胞可以分辨明暗，讓蚯蚓知道自己在地面上還是地表下，以及如果需要爬上地面，那麼地面上的陽光有多強。

　　蚯蚓如果曝露在溫暖晴朗的天氣裡，很快就會脫水死亡。以普通蚯蚓為例，牠們大部分的活動都會避開白天的陽光與熱度，在夜間進行。

　　蚯蚓在黑暗的掩蔽下爬到地面上進食、交配，可望避開掠食者。不過，許多以蚯蚓為食的動物，包括刺蝟，都經過演化，會利用黃昏到黎明的時段覓食。

　　蚯蚓的光感受器也能分辨不同顏色的光。蚯蚓會避開白光或藍光（這是陽光的顏色），但似乎對紅光或橙光沒反應（這是傍晚或清晨的天光顏色）。

2 / 蚯蚓為什麼在陽光下扭來扭去？

……沒了蚯蚓的土地很快就會變得冰冷、硬邦邦，

缺乏發酵；因而貧瘠……

        —— 吉爾伯‧懷特（Gilbert White），

《塞耳彭自然史》（*The Natural History of Selborne*, 1777）

    蚯蚓對光線極為敏感，即使只在陽光下待一個小時，也會癱瘓。一些實驗探討了紫外線對蚯蚓的影響，科學家發現，不同種類的蚯蚓有不一樣的耐受程度。想當然爾，表層蚯蚓能應付的紫外線通常比中層蚯蚓更多。

    不過，曝露在光線下的時候，任何一種蚯蚓都無法承受一直被光線照射。蚯蚓幾乎會立刻表現出異常強烈的肌肉收縮，時常出現典型的S字形動作，或是到處躍動、彈跳。

我們不知道蚯蚓為什麼要跳這種「死亡之舞」，也許是因為紫外線導致蚯蚓錯亂、不適的關係。[18]過不了多久，紫外線就會開始損傷蚯蚓的表皮細胞，而蚯蚓需要用皮膚呼吸，因此牠會窒息而死。所以達爾文寫道，早晨豔陽升起時，蚯蚓會像「兔子似地衝進牠的地道」。

3 / 蚯蚓的哪一端是頭、
哪一端是尾？

　　要區分蚯蚓的頭尾，最簡單的辦法是尋找牠的環帶
（clitellum）。環帶是蚯蚓身上的肉色環圈，又稱為「生殖
帶」，都是位在靠近頭部的那一側。

　　小蚯蚓並沒有環帶，性成熟的蚯蚓身上才會出現環帶。
大約一半的蚯蚓是幼蟲，如果是沒有環帶的蚯蚓，可以注
意牠是朝哪個方向前進；蚯蚓通常是頭朝前移動。牠可以
倒退，不過通常只有頭部碰到有害的物體時才會如此。[19]如
果非常仔細地觀察蚯蚓，甚至可能看出蚯蚓頭部的口前葉
（prostomium）——這是覆蓋蚯蚓口部的蓋狀物。

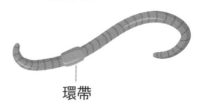

環帶

4／蚯蚓怎麼移動？

　　蚯蚓以收縮、伸長肌肉的方式，沿著地道移動。蚯蚓身上有兩種肌肉，第一種肌肉環繞蚯蚓的所有體節，有點像是全身的緊身衣；第二種肌肉從頭延伸到尾，有點像長長的橡皮筋。這兩組肌肉輪流收縮，就能讓蚯蚓前進。

　　蚯蚓想前進的時候，會收縮體節周圍的環形肌；當牠收縮這些束腹般的肌肉，就能向前延伸，變細、變長。

　　蚯蚓伸到最長之後，就要把身體的尾端往前拉，收縮類似橡皮筋的肌肉（與身體平行、縱貫全身的肌肉），讓身軀變粗、變短。

　　不過，蚯蚓必須把自己固定在土裡，才能反覆伸長身軀、把身軀往前拉，否則牠只會在原地滑來滑去。蚯蚓為了在土壤裡固定自己，有個特別的絕技：牠們身上有類似鬃毛的可收縮構造——剛毛（seta），可以插進土裡、收回來，就像登山客的冰爪。蚯蚓的每個體節都有八對剛毛。

所以，蚯蚓向前進的時候，完整的伸展循環一如以下的
步驟：

　　一、收縮束腹般的肌肉，讓身軀向前延伸。

　　二、用前端的剛毛固定住土壤。

　　三、收縮類似橡皮筋的肌肉，把尾端往前拉。

　　四、用後端的剛毛抓住土壤，讓身軀往前延伸。

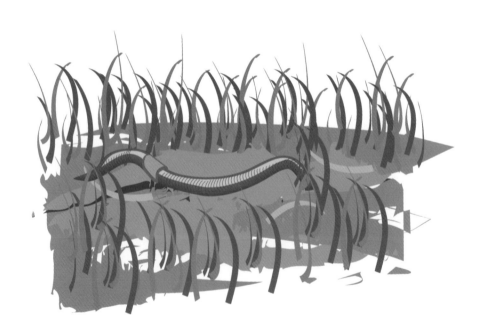

5 / 蚯蚓的力氣有多大？

　　蚯蚓要用力把土壤裡的小縫隙和裂縫撐開，才能在土裡挖洞，鑽過地表之下。這樣需要施加極大的壓力，很費力氣。相關實驗測量了蚯蚓在地裡挖地道需要的力量，發現大型的成蟲可以推動大約體重十倍的重量，相當於人類推開擋路的一頭北極熊或野牛。

 趣味小知識

更神奇的是，剛孵化的細小蚯蚓可以推動自身體重五百倍的重量，相當於一個人若無其事地推開一頭大翅鯨。

6 / 蚯蚓移動的速度 有多快？

蚯蚓和蚱蜢或蟋蟀一樣，是絕佳的旅行者，而蚯蚓則是更高明的移民。

——亨利·大衛·梭羅
（Henry David Thoreau），
《河岸週記》
（*A Week on the Concord and Merrimack Rivers*, 1849）

　　普通蚯蚓通常動作緩慢，慢吞吞地爬進土裡。蚯蚓的移動速度取決於一些因素，包括蚯蚓的體型大小、土壤結構和蚯蚓移動的原因。

　　很少人研究過蚯蚓移動的速度，不過發表在《實驗生物學》（*Journal of Experimental Biology*）期刊的一則研究提供了一些有趣的見解。[20]首先，較大的蚯蚓爬得比較小的蚯蚓快；這或許是預料中的事。如果要加快速度，不論大小體型

的蚯蚓似乎都會增加步幅，也就是每次伸縮時伸得更長。不過，小隻蚯蚓也傾向於提高伸縮頻率來爬得更快，大隻蚯蚓則是減少伸縮次數，但增加步幅。

這個研究測量的蚯蚓，有的迷你到只有〇‧二公克，也有的大到健壯的八公克。運用這個研究的資料來計算，普通蚯蚓依據相對的體型大小，以下列的速度前進：

- 小型蚯蚓每分鐘可以爬十二公分，時速七‧二公尺。
- 中型蚯蚓每分鐘可以爬九十公分，時速五十四公尺。
- 大型蚯蚓每分鐘可以爬一‧二公尺，時速七十二公尺。

其實，大隻的普通蚯蚓移動速度是小蚯蚓的好幾倍。不過，目前並不清楚蚯蚓在地面下是否都是用這樣的速度移動。土壤的質地、組成等等，都會大幅影響蚯蚓挖地道的速度，例如深層蚯蚓穿過黏土的時間，可能是牠經過輕質土壤的四、五倍之久。

不過，蚯蚓想要快速前進時，可以爬得超級快。蚯蚓的神經傳導非常快，能以高達每秒六百公尺的速度傳遍全身。要是你在蚯蚓從土壤裡探出頭的時候碰觸到牠，牠就會迅速縮回去，動作快如閃電。

〈 如何幫助蚯蚓之四 〉

喜愛葉子

● 落葉一向被園藝愛好者視為需要清除、從草坪上耙掉、裝袋丟進垃圾桶的東西。但是這麼一來，我們不只損失了一個免費的土壤養分來源，各式各樣需要落葉層才能生存的動物也失去了關鍵棲地。

● 枯葉與腐葉是許多無脊椎動物的重要食物來源與棲身之處，尤其在冬天的時候。厚厚一層葉子的隔絕效應，讓蜘蛛、甲蟲、蠅類、蝸牛和其他許多動物能忍受低溫；有些動物用卵的形式過冬，有的結蛹或結繭來撐過嚴寒，也有許多動物以成體的形態存活，把自己裹在葉子裡，或是窩在那層落葉下方，等待春天再度降臨。大型動物也依賴落葉堆；刺蝟、老鼠和其

他哺乳類動物會把落葉當作窩或築巢的材料，花園裡的鳥最愛在碎屑之間找蟲吃。

- 園子裡落葉層密度高的地方，也是表層（表棲）蚯蚓的避風港。樹籬、落葉樹、灌木這些產生大量落葉的植物，會吸引大量的表層蚯蚓。如果你沒辦法讓落葉留在原位，可以把落葉堆在園子的一處，這樣不只製造了一個野生動物棲地，而且長久下來，也能產生大量花園土壤可用的腐葉土。

7 / 蚯蚓有味蕾嗎？

　　簡單來說，沒有。蚯蚓沒有舌頭，所以沒有味蕾。然而，蚯蚓確實有某種味覺和嗅覺，只是跟人類的不同。

　　蚯蚓身上的同一批受器，可以感應味道和氣味。這種受器稱為化學受器（chemoreceptor），能偵測不同的化學刺激。實驗顯示，蚯蚓的口中與口前葉上有這種特別的受器。口前葉是蚯蚓口上堅硬的唇狀保護構造，蚯蚓靠著口前葉鑽過土壤，利用這些受器來尋找及選擇食物，感應土裡有多少水分，並找到其他蚯蚓交配。

　　達爾文花了不少時間，設法確認普通蚯蚓有沒有任何取食偏好。達爾文根據提供給地下「客人」的食物，得到了結論：「蚯蚓很喜歡甘藍葉；似乎能分辨不同的品種。」而蚯蚓最愛的是胡蘿蔔、洋蔥葉、野櫻桃葉和芹菜。達爾文的結論很驚人，不是因為他確立了蚯蚓偏好的菜單（達爾文提供的食物種類有限），而是因為達爾文證明了蚯蚓明確偏好某類食物，沒那麼喜歡其他食物（見 Patr 3 的 4.〈蚯蚓靠什麼維生？〉）。

8 / 蚯蚓在水裡活得了嗎？

……許多論據傾向於顯示，這些純粹的陸生生物是
從完全的水生生物而來……因為不斷發現只適合水
生生活的殘存構造……

——法蘭克・貝達德（Frank E. Beddard），

《蚯蚓與牠們的盟友》

（*Earthworms and their Allies*, 1912）

1874年，科學家愛德蒙・皮耶（Edmond Perrier）測試
了普通蚯蚓浸在自來水裡可以活多久。沒想到，即使經常換
水，蚯蚓還是能活超過四個月。對其他種類的蚯蚓所做的實
驗，也有類似的結果。

有趣的是，雖然蚯蚓是重要的陸生動物，起先卻源自海
洋。蚯蚓屬於環節動物，而大部分的環節動物仍然活在潮濕
的環境，例如海洋、淡水或潮濕的土壤裡。其實，許多種

類的蚯蚓太適應在積水的環境或氣溶水（aerated water，編註：添加了空氣的水）裡生存，因此浸水實驗裡的蚯蚓，通常是餓死的，並不是「淹死」的。

　　大雨過後，地面上會出現死去或垂死的蚯蚓，並不是因為蚯蚓被淹死，反倒比較有可能曬到太陽（見Patr 3的1.〈下過雨後，蚯蚓為什麼會從土裡鑽出來？〉）。

9 / 蚯蚓為什麼摸起來黏黏的？

蚯蚓分泌「黏液」的原因，首先是為了透過皮膚呼吸。蚯蚓不是用肺呼吸，而是透過皮膚，藉著擴散作用交換氧氣和二氧化碳，所以蚯蚓的表皮必須維持濕潤。

蚯蚓的身上包覆著黏液，也有助於更輕鬆地鑽過土壤。最近的一項研究顯示，蚯蚓的黏液還可以有效避免土壤顆粒黏附在牠身上。這種黏滑的液體可以在蚯蚓穿過土壤時減少阻力，讓蚯蚓移動得更快、更靈活。蚯蚓黏液在這個過程中太有效率了，其實，農民的耕具時常因為表面沾黏了泥土而使用困難，研究者正在構思如何潤滑耕具。[21]

蚯蚓在交配過程中也會產生大量黏液。兩隻蚯蚓準備進行繁殖行為時，身上會覆滿一層黏液，好讓兩隻蚯蚓黏在一起，交換精液（見 Patr 3 的 9.〈蚯蚓如何進行性行為？〉，編

註：蚯蚓是雌雄同體，大多為異體受精）。深層蚯蚓（例如普通蚯蚓）也會用黏液來鞏固地道壁，避免通道坍塌。

　　深入研究大型的紐西蘭蚯蚓（Octochaetus multiporus），證實蚯蚓黏液是十分厲害的物質，而我們對此的了解微乎其微。科學家安娜・帕默（Anna Palmer）從小就在研究蚯蚓。帕默研究了紐西蘭蚯蚓的黏液，發現一些神奇的特性。首先，黏液對土壤細菌的毒性極強，所以蚯蚓不常生病。第二，黏液含有三十三種金屬和礦物質微量元素，包括鎂、鉀與鈣。這三種元素是植物生長的關鍵，這或許多少能解釋為什麼蚯蚓數量多的土壤裡，植物生長得遠比在蚯蚓數量少的土壤好。

　　紐西蘭蚯蚓還有另一項法寶：生物發光黏液。隨著蚯蚓成長，在黑暗中發光的黏液會顯示蚯蚓的年紀，在蚯蚓的一

生中從藍色轉變成橘黃色。紐西蘭蚯蚓受到驚擾的時候，也會噴出具生物光的液體。至於這些蚯蚓為什麼具有這種夜光的功能，目前還不清楚。依據運用的方式不同，夜光具有吸引的作用，也有震懾的作用。光線溫和的生物光可以吸引配偶，例如，紐西蘭蚯蚓的黏液顏色會變化，向其他熱切的蚯蚓暗示自己已經性成熟。不過，反應快速、突然噴出的夜光黏液，可能是用來震懾掠食者，只是目的是驚嚇或擾亂攻擊者，或警告掠食者：「我有毒！」目前還不清楚。[22]

　　蚯蚓的黏液也是美容產業的新寵。一般認為，蚯蚓黏液富含有益的胜肽和酵素，可以從蚯蚓糞裡篩洗出來，或是把蚯蚓浸水再萃取，然後加進抗皺及皮膚再生霜裡。

10 / 蚯蚓能聽見聲音嗎？

汝甚輕賤！──甚至不如我腳下的蚯蚓！

──波西‧雪萊（Percy Shelley），

《海拉斯》（*Hellas*, 1822）

蚯蚓沒有耳朵，卻對聲音產生的振動非常敏感。達爾文在觀察蚯蚓的過程中最可愛的一幕，是向他的實驗對象彈奏各種樂器。

達爾文使盡渾身解數，但他的心得是：「在牠們附近一再地吹響金屬哨子，牠們對尖銳的哨音完全不以為意；對低音管最低沉、最響亮的音符也沒反應。只要叫喊的時候別把氣息噴到蚯蚓身上，蚯蚓就對叫喊聲漠不關心。把蚯蚓放在靠近鋼琴琴鍵的檯子上，盡量使勁地彈奏鋼琴時，蚯蚓完全不為所動。」

不過，把蚯蚓放進土盆裡，再連同土盆擱在鋼琴上時，蚯蚓確實會出現反應。「彈出低音C時，兩隻蚯蚓都立刻縮回地道，過了一陣子才探出頭，然後在彈出高音G的時候，又縮回地道。」達爾文的結論是，雖然巨響對蚯蚓沒有影響，蚯蚓卻對聲音振動非常敏感（見Patr 3的1.〈下過雨後，蚯蚓為什麼會從土裡鑽出來？〉）。

11 / 蚯蚓被切成兩半，還能存活嗎？

關於蚯蚓的一大迷思是，如果把蚯蚓切成兩半，這兩半都會活下來，變成兩隻新蚯蚓嗎？

其實，把蚯蚓切成兩半之後，牠能不能存活下來，取決於被切的部位。把普通蚯蚓的尾端切掉一點，牠通常還能存活，甚至能長出部分的體節，形成一條新尾巴。原本切下來的那截尾端則會壞死。然而，如果在環帶和頭部之間的位置下刀，任何蚯蚓都會死亡，因為那裡是蚯蚓的主要器官所在之處。

有些種類的蚯蚓比較能夠承受被切成兩半，但所有蚯蚓似乎都有能力長回一些尾部體節。有些蚯蚓被掠食者捕獲時，能刻意讓尾巴脫落（自我截肢），這種行為稱為「自殘」（autotomy，有些爬蟲類也有同樣的行為）。有時候，蚯

蚓會為了其他原因而讓尾巴脫落，例如，堆肥蚯蚓「赤子愛勝蚓」就會把自己的尾巴末端當作某種不可溶解之廢物的垃圾堆，因此尾巴呈現一種獨特的黃色。當蚯蚓的那段尾巴再也無法儲存更多廢物的時候，就會像耗盡的火箭一樣被自動拋棄。

不過，蚯蚓幾乎可以無止境地繁殖。另外，渦蟲是簡單的扁形動物，和蚯蚓的關係沒那麼接近，但擁有驚人的再生能力。把渦蟲切成幾塊，每一塊都會長成一隻全新的渦蟲。在一項實驗中，僅占原本蟲體二百七十九分之一的一塊渦蟲，長成了全新的一隻複製體；相當於倉鼠大小的一塊人體組織長成一個完整的人。[1]

註釋

[1] 依據人類平均體重（六十二公斤）和成年倉鼠體重（二百公克出頭）來計算。

趣味小知識

異常天氣狀況（例如水龍捲或龍捲風）可能捲起植物和小型動物，然後在幾英里外將之拋下。

2015年，挪威南部有數以千計的蚯蚓從天而降。

2011年，蘇格蘭塞克爾克郡（Selkirkshire）的一所學校發生了類似的事件，當時正在舉辦足球賽，比賽進行到一半時，大量蚯蚓從天而降，一名教師和他的學生們不得不尋找掩護。

Part **3**

蚯蚓的行為

沒想到像蚯蚓這麼低等的動物，
居然能做出這樣的行為。

——查爾斯・達爾文，
《腐植土形成與蚯蚓的作用，及其習性觀察》（1881）

蚯蚓一整天都在做什麼？達爾文算是最早嚴密記錄蚯蚓特異性的科學家之一。在那之後，後續的研究和實驗揭露了一些奇特的行為。從「群聚」本能到天氣偏好，求偶儀式到防禦機制，誰會想得到看似無趣的蚯蚓竟然這麼複雜。

　　還有一些問題有待探索，例如，蚯蚓會不會睡覺？有沒有痛覺？或是怎麼找到配偶？看來，這種生活在地底下的生物，還有許多我們不太了解的地方。

1 / 下過雨後，蚯蚓為什麼會從土裡鑽出來？

下次當你早上或傍晚去散步的時候，如果在路上巧遇蚯蚓，別把牠踢開，也別踩過去；不如把牠撿起來，放在你的手掌中……

——詹姆斯・薩繆森（James Samuelson），
《卑微的動物》（*Humble Creatures*, 1858）

你注意過嗎？在傾盆大雨過後，蚯蚓常常爬到土表。從前，科學家認為，蚯蚓是害怕在灌滿水的地道裡被淹死，才會從土裡鑽出來。現在，我們懷疑不是這樣，因為蚯蚓偏好潮濕的土壤，而且有多種蚯蚓可以在富含氧氣的水裡存活幾個星期（見Part 2的8.〈蚯蚓在水裡活得了嗎？〉）。

我們還不確定為什麼蚯蚓會在暴雨中往上爬，不過有個理論是可能和遷徙有關，而蚯蚓覺得比起鑽過土壤（尤其是乾燥的土壤），在濕潤的土表長距離移動比較輕鬆。

不過，這個策略很危險，因為蚯蚓曝露在紫外線下可能致命，所以另一個比較可信的理論是，雨滴打到地面上所產生的振動，很接近鼴鼠挖土的振動。蚯蚓不想被獵食，所以感受到這些振動時，就會從土裡往上爬，藉以逃開鼴鼠。某些鳥類，包括海鷗、黑鸝和鶇鳥，其實會跺腳模仿這種振動，引誘信以為真的蚯蚓爬到土表，再一口吃掉牠。捉蚯蚓的人也是使用同樣的技巧。

科學家最近檢驗了這個假設。佛羅里達州的索普喬皮年度蚯蚓咕噥節（Annual Sopchoppy Worm Gruntin' Festival）裡，捉蚯蚓的人會使用一種技巧把蚯蚓吸引到土表。他們把大約三十公分的木樁打進土裡，然後用一種稱為「響鐵」（rooping iron）的長鐵片刮木樁。鐵片刮過木頭時，會產生一種規律而刺耳的聲音，聽起來像低頻的咕噥聲（所以這個節慶才叫作「蚯蚓咕噥節」），似乎每次都會讓數以百計的蚯蚓爬到地面上。

研究者希望解釋「響鐵」技術為何有效，於是設置了震波記錄裝置，測量地面下到底發生了什麼事。原來，用響鐵來刮木樁，會產生一百赫茲左右的振動，和鼴鼠挖掘聲的頻率幾乎相同。一般認為，蚯蚓聽到鼴鼠的聲音就會逃跑，是演化而來的本能反應，而且根深柢固。紐西蘭等國家沒有鼴鼠，但蚯蚓對這種掠食者似乎有「記憶」，如果聽到振動，還是會產生同樣的反應。

 趣味小知識

> 1972年9月14日，克里夫蘭機場的跑道上出現成千上萬隻蚯蚓，導致機場停擺。大雨使得蚯蚓爬到地面上，而蚯蚓又在無意間爬上跑道，使得飛機在降落時打滑，險象環生。

2 / 為什麼很難從洞裡
把蚯蚓拉出來？

　　如果蚯蚓正在鑽地道，你想要把蚯蚓從土裡拉出來，其難度高得不可思議。自然作家詹姆斯・薩繆森在十九世紀中葉寫道：「或許你從沒想過，為什麼你想把蚯蚓從土裡拉出來的時候，蚯蚓居然能夠那麼頑強抵抗，幾乎要把牠拉成兩半了，才能把牠拔出來。」[23]達爾文也寫道，把蚯蚓「從土裡拉出來的時候，很少不被拔斷。」而我們常常看到花園裡的鳥類辛苦地把蚯蚓拽出土中。

　　我們已經知道，蚯蚓的身上其實具有細小堅硬的硬毛：剛毛（見 Part 2 的 4.〈蚯蚓怎麼移動？〉）。這些剛毛微微往後生長，讓蚯蚓在土裡拉動自己前進的時候，可以把自己固定在土壤中。要是少了剛毛，蚯蚓只會在原地滑來滑去。這些小棘刺也使得蚯蚓很難被拉出地道，尤其是尾巴向外的時

候，因為剛毛會卡在土裡，產生阻力。如果花園鳥類逮住蚯蚓的前端，大概比較有機會把蚯蚓拔出地道。蚯蚓在掙扎時，體表的剛毛可能會脫落。如果蚯蚓順利逃過一劫，剛毛也會像指甲一樣重新再長出來。

實驗也顯示，花園鳥類（例如知更鳥）會仔細傾聽附近有無蚯蚓的線索。一旦發現有蚯蚓傳來聲音，有些花園鳥類就會把頭部轉向那個方向。從前，人們認為這是為了聆聽得更仔細，但是最近的研究顯示，這些鳥類朝蚯蚓的方向轉頭，是以視覺找到蚯蚓，再發出最後的致命一擊。[24]

種植「綠肥」

研究顯示，覆蓋作物可以輕鬆地為土壤增添有機質，讓蚯蚓的數量增加高達百分之三百。[25]

- 夏末在菜園裡種下覆蓋作物。覆蓋作物又稱「綠肥」，可以在秋冬保護光禿的土壤，減少雜草，防止土溫過低。到了冬末，再把覆蓋作物埋進土裡，讓土壤受到有機質滋潤，幫忙滋養之後栽種的植物。冬季的覆蓋作物可以選擇放牧用的裸麥或毛苕子之類的植物。

- 在生長季，也可以用覆蓋作物「填補」其他作物採收完畢的區域，吸引授粉昆蟲，像是芥菜、絳紅三葉草和鐘穗花都能迅速發芽，幾個星期就會長大。

3／蚯蚓喜歡冷還是熱？

要避免惡事，不是往前方逃跑，而是上升或向下潛，離開那個平面；就像蚯蚓要躲避乾旱和霜降，都會向下多挖幾吋。

——亨利‧大衛‧梭羅，

《河岸週記》（1849）

　　蚯蚓受天候變動的影響很大。哺乳類能調節自己的體溫，但蚯蚓是冷血動物，體溫會直接受到周圍環境的影響。不過，不同種類的蚯蚓偏好不同的溫度。表層蚯蚓（例如最適於堆肥的赤子愛勝蚓），可以忍受攝氏零度到三十五度的溫度，但在溫暖舒適的二十五度似乎最愉快。

　　普通蚯蚓則喜歡待在土壤深處，那裡比較涼快，一整年的溫度比較恆定。土壤深處的溫度穩定得驚人。

　　土表和接近土表的地方，土溫隨著周圍的氣溫而起伏。

不過土壤愈深處，土溫愈少受到氣溫影響。地下四公尺處，土溫幾乎維持在攝氏十度；地下一·五公尺處的土溫，則會在攝氏五度和十五度之間波動；地下五十公分處的土溫，會在稍高於攝氏零度和將近二十度之間波動。

普通蚯蚓最適合的溫度是攝氏七度到十二度，所以蚯蚓會在土裡移動，尋找最舒服的溫度也不奇怪。因此，普通蚯蚓在冬天大多會待在比較深層的土壤中。普通蚯蚓受不了零度以下的溫度，不過，牠們的卵繭可以在低達攝氏負五度的土裡存活幾個星期。所有卵繭都有保護性的脫水機制；為了因應零下的溫度，卵繭會開始脫水，冷凍乾燥，直到環境改善，天氣暖和起來，才會甦醒。

有些種類的蚯蚓，包括俄國大部分地區都可見的諾登舍爾德勝蚓（Eisenia nordenskioldi），和東歐、西伯利亞西部原生的八方紅蚯蚓（Dendrobaena octaedra），必須面對漫長、嚴苛的冬季。那些蚯蚓演化出厲害的辦法，會迅速增加體液中的葡萄糖含量，而葡萄糖有天然抗凍劑的作用，能防止蚯蚓身體因為冰晶而凍傷。

至於溫帶氣候，如果土壤變得太熱或太乾燥，有些種類的蚯蚓（包括普通蚯蚓）會進入休眠期，這種休眠稱為夏眠（aestivation）。夏眠的主要目標是保持濕度，所以蚯蚓會蜷

成緊緊的一個結，減少表面積，把自己封在塗了黏液的空間裡，維持高濕度，降低代謝，減少水分散失。然後，蚯蚓就能在這種「夏季停滯狀態」，撐過長達三個星期的高溫和乾燥土壤，直到一切恢復正常。

 趣味小知識

三月的月圓也稱為「蚯蚓月」，這是因為初春土壤開始解凍時，蚯蚓再度探出頭而得名。

4 / 蚯蚓靠什麼維生？

　　蚯蚓吃什麼，取決於蚯蚓的種類。表層蚯蚓吃腐爛的有機質，例如枯葉、漿果、腐木和花。中層蚯蚓吃土，而土壤富含有機質。深層蚯蚓會把較大的分解中植物體（例如葉子）拖進地道裡。有些種類的蚯蚓也會吃真菌和腐敗的動物殘骸。

　　蚯蚓的食性有個謎：蚯蚓如何處理有毒植物呢？有些植物的毒性很高，其中含有多酚類的化學物質，以阻止草食動物取食。即使植物死亡或葉片枯死，這些毒素仍然有效。

　　但帝國學院（Imperial College）的科學家查明了為什麼蚯蚓幾乎什麼都能吃，即使植物有毒也一樣。原來蚯蚓的腸道內含有一類分子（蚓御素，drilodefensin），可以中和某些化學物質。地球上其他物種都沒有這些可以解毒的分子；蚓御素只存在於蚯蚓的腸道中。[26]

不過，蚯蚓真正有趣的是從屁股拉出來的東西。「蚯蚓糞」含有豐富的養分和礦物質，而且它們恰好是植物方便吸收的形態。和周圍的土壤比起來，蚯蚓糞含的氮多了五倍，磷多了七倍，鉀多了十一倍。[27]

蚯蚓吃個不停、拉個不停，翻動了極大量的土壤。這些堆積在土壤表面的蚯蚓糞緩緩累積，埋起土表的所有東西，所以考古文物和古代紀念碑才會在數百年間緩緩沉入土裡。據估計，蚯蚓每年會為一英畝（1224.17坪）的土地添上五公分的新鮮表土，相當於八噸的土壤。

 趣味小知識

人們有時會稱蚯蚓為「雜食動物」，不過比較精確的稱呼是「食碎屑動物」（detritivore），也就是以死亡有機物為食。

5 / 蚯蚓會在地面下
興建家園嗎？

蚯蚓的英文（earthworm）十分獨特，說明了這些
動物的棲地，似乎是特意這麼造字，以具體表達這
些生物的神奇分布。

　　　　──法蘭克‧貝達德，《蚯蚓與牠們的盟友》

　　大部分的蚯蚓沒有家。表層蚯蚓和中層蚯蚓都會穿過有
機質，吃下有機質之後，從身後排出鬆軟的蚯蚓糞。

　　表層蚯蚓完全不會挖地道，牠們不住在土壤裡，而是偏
愛待在一層層潮濕溫暖的落葉層底下。中層蚯蚓邊吃邊鑽過
土壤時，確實會挖出地道，不過一路上排出的蚯蚓糞又迅速
把通道填滿。

深層蚯蚓（例如普通蚯蚓）會建造永久的地道，而且會保持地道裡沒有殘渣。為了清理地道，深層蚯蚓會把蚯蚓糞排到土表的地道口，一堆堆的蚯蚓糞稱為「糞堆」。除非受到驚擾，否則蚯蚓一生都會待在同一條地道裡，並且不斷把蚯蚓糞堆向糞堆，使得蚯蚓糞堆愈來愈高。這些永久的地道建造得十分良好，可以維持牢固數十年。

　　依據達爾文記載，普通蚯蚓有時甚至會在地道上搭造小屋頂：「落葉很多的時候，地道口上面時常會收集過多的落葉，一小堆沒用到的葉片就像屋頂，蓋在被拖進去一半的葉片上。蚯蚓經常或一般會在拖進地道的葉片空隙之間，填進牠們排出的濕黏土壤，緊緊塞住地道口。」達爾文不確定蚯蚓為何這麼做，他懷疑葉片可以調節地道裡的溫度和濕度、擋雨，還能多少提供遮蔽，不讓飢餓的掠食者發現。

6 / 蚯蚓有領域性嗎？

表層蚯蚓和中層蚯蚓並沒有永久的地道，不過對於普通蚯蚓而言，金窩和銀窩都不如自己的蚯蚓窩。

普通蚯蚓在夜間爬出來覓食、尋找配偶的時候，會盡量用尾巴末端鉤住地道頂端。這樣不只讓蚯蚓在受到掠食者攻擊的時候，可以迅速逃離，也能預防蚯蚓迷路回不了家。不過，普通蚯蚓有時會離開安全的地道，冒險去更遠的地方。實驗顯示，蚯蚓有某種返家的直覺。在一項研究中，普通蚯蚓在土表待了三個小時，還是從最遠將近一公尺外，找到了回家的路。蚯蚓要回到基地時，會小心地沿著自己往外爬的路徑向後退，直到尾巴碰到地道頂端。[28]

一般認為，普通蚯蚓會留下含有費洛蒙的化學蹤跡。這些蹤跡是回到地道的引導系統，會發揮「誘引物質」的作用，鼓勵蚯蚓沿著自己的氣味前進，最後回家。有些蚯蚓（例如美國河蚓，Diplocardia riparia）會留下「忌避」的荷爾

蒙蹤跡，讓這隻蚯蚓主動避免再度接觸。因為美國河蚓是食腐動物，不需要找到回家的路，也不想沿著同一條路徑走兩遍去覓食。

　　普通蚯蚓在死後可能會把自己的地道「傳」給下一代。蚯蚓會在自己的地道裡產下卵繭（通常產在表土層），可能半嵌在地道壁上，或放在地道支線的迷你「育嬰房」。地道支線是從垂直通道延伸挖出的水平通道。而卵繭能生存的低溫，遠低於成年蚯蚓適應的溫度（見 Part 3 的 3.〈蚯蚓喜歡冷還是熱？〉）。研究者觀察到，蚯蚓幼蟲會住進蚯蚓成蟲死後遺留的地道。建造地道要耗費大量能量，或許是蚯蚓幼蟲能「繼承」家園的一個原因，不過，蚯蚓成蟲並不會和其他蚯蚓共享地道，而大部分的年輕蚯蚓一旦夠大了，就要自食其力。

7 / 哪些動物會吃蚯蚓？

　　蚯蚓大概是鼴鼠的菜單上的最愛。一般的歐洲鼴鼠
（Talpa europaea）一天可以吃下六十隻蚯蚓。鼴鼠並不是在
土壤裡「獵捕」蚯蚓（那樣太累、太沒效率了），而是發展
出一些狡猾的策略，確保可以吃蚯蚓吃到飽。

　　首先，鼴鼠地道是有效而致命的「蚯蚓陷阱」。鼴鼠的
動作快得驚人，一旦聽見蚯蚓無意間闖入地道，就會衝過
去，在蚯蚓有機會逃走之前抓住牠。

　　不過，夏天時，深層蚯蚓的活動力下降，大多會爬進更
深的土裡，進入休眠期，也就是夏眠（見Part 3 的 3.〈蚯蚓
喜歡冷還是熱？〉）。所以，蚯蚓比較不會遇到鼴鼠。鼴鼠
為了挨過比較拮据的時期，會建造「食物儲藏室」，把蚯蚓
存放在那裡，之後再享用。鼴鼠的唾液含有一種毒素，會讓
蚯蚓癱瘓但仍活著；牠朝蚯蚓的頭部咬一口，蚯蚓就無法動
彈，但可以保鮮幾個星期。

鼴鼠會在這些特製的儲藏室裡存放幾百隻「僵屍」蚯蚓，那些蚯蚓都處在某種恐怖的遲緩狀態——雖然活著，卻無法蠕動或逃離。

　　當鼴鼠終於要享用蚯蚓時，還有一項絕招，牠要讓蚯蚓的養分最大化，並不想吃下蚯蚓腸道裡的那些土。於是，鼴鼠就像我們擠牙膏那樣，將蚯蚓放在掌間擠壓，以排除蚯蚓體內的所有沙土。清除蚯蚓體內的泥土，可能也有助於減少鼴鼠牙齒的磨損或斷裂；否則嚼食無窮無盡的沙土，牠們的牙齒很快就會磨耗殆盡。

　　蚯蚓是許多哺乳動物的主食，包括刺蝟、獾、樹鼩、黃鼠狼、水獺和白鼬。許多吃蚯蚓的動物是夜行性，都會利用某些蚯蚓的食性和夜間漫長的交配儀式進行獵捕。例如，狐狸和貓頭鷹就會趁龐大多汁的普通蚯蚓在夜色掩蔽下爬到地表活動時，找到那些蚯蚓。

鼴鼠

海鷗

很多鳥類也會吃蚯蚓。在公園和郊區，常見的花園鳥類，例如黑鸝、鶇鳥和知更鳥，都會大啖蚯蚓；在農地，則是燕八哥、禿鼻鴉、小辮鴴和海鷗，時常跟在翻動土壤的犁或耙後面。或許你會懷疑，海鷗的自然棲地明明在海邊，為什麼那麼擅長找到內陸幾英里處正在犁田的農民。這可能是因為海鷗幾乎都待在高空，視力極為敏銳。

　　海鷗飛在那麼高的地方，可以查看周圍許多英里的土地，有助於找到覓食的機會。海鷗也會注意小辮鴴的行動，小辮鴴住在農地，每次有拖拉機在翻動泥土時，小辮鴴就會聚到拖拉機後面。海鷗飛在高空，看到一群小辮鴴聚在一起，就知道下面有蚯蚓和其他無脊椎動物的大餐了。海鷗在平地進食時，也會吸引其他海鷗，於是很快就會看到一大群鳥在拖拉機後面俯衝撲襲，想抓一、兩隻蚯蚓來吃。

　　不同的鳥類因為覓食策略不同，會以不同種類的蚯蚓為食；知更鳥依賴視覺或聽覺線索，通常是吃表層蚯蚓或從地道頂端探出頭的深層蚯蚓，而寬嘴鷸則用牠們的喙翻動土壤，利用觸覺尋找蚯蚓，通常是獵食住在土表下的中層蚯蚓。某些種類的鳥，例如小辮鴴、海鷗、鴴、鶇鳥與黑鸝，也會利用「拍打」捕捉蚯蚓。這些鳥類會用腳踩地，模仿鼴鼠挖洞的振動聲，讓地底下的蚯蚓逃到地面上。

還有其他昆蟲也會吃蚯蚓，不過有些昆蟲偏好沒那麼會扭動的食物。關於這個題材的研究不多，少數的例子常常來自業餘觀察者，或是拍攝野生動物紀錄片時捕捉到的一些意外鏡頭。十九世紀上半葉，《每月評論》（*Monthly Review*）的編輯在雜誌刊載一封可愛的信件中註記道：「我們讀到一封來自萊斯特郡（Leicestershire）波斯沃斯集市（Market Bosworth）的鮑爾先生寫給部長的信，描述了庭園蝸牛……以及蛞蝓……吃死掉或垂死的普通蚯蚓的情形。這是夜間發生的事；鮑爾先生觀察到，這些動物並不會攻擊活的蚯蚓，而他認為是因為蚯蚓體表有刺，蚯蚓健康有活力的時候，可以豎直身子，這很可能是為了抵禦蝸牛，或是視情況做出的撤退決定。」[29]

有一種動物——蚓螈（caecilian）本身很像巨型的蚯蚓，而且以蚯蚓為食。蚓螈是無足的蛇形兩棲類動物，生活在中南美、非洲和南亞等地的熱帶地區。蚓螈的下顎力氣極大，科學家一直納悶，這樣的動物既然喜歡柔軟多汁的蚯蚓，為何需要那麼強壯的咬合力。研究者觀察蚓螈吃蚯蚓的過程，驚奇地發現蚓螈會像鱷魚的「死亡翻滾」一樣猛烈旋轉，把蚯蚓撕裂成小段。從蚓螈體內取得消化後的蚯蚓片段，發現每個片段都像扭曲的繩索。蚓螈採取這種奇妙的策略，難怪需要驚人的咬合力，因為只有那麼強大的顎，才能讓蚓螈在螺旋翻滾時咬住蚯蚓不放。蚓螈把蚯蚓扯成小塊，就不必靠著四肢抓握，而能輕鬆吃下牠的獵物。[30]

 趣味小知識

> 澳洲東部的鴨嘴獸也鍾愛蚯蚓，一天可以吃下八百隻左右。鴨嘴獸是唯一靠著感電辨位（electrolocation）覓食的動物。鴨嘴獸會把喙插進溪底或河底的泥巴中，而電感受器會感應到蚯蚓肌肉收縮所產生的微小電流。

〈 如何幫助蚯蚓之六 〉

替蚯蚓澆水

- 蚯蚓在濕涼的環境裡最有活力。在你的土裡加入厚厚一層有機質（見〈如何幫助蚯蚓之一〉），能把水分留在土壤裡，不過，炎熱季節裡土壤太乾的時候，替花園或農地澆水還是很重要。

- 務必在清晨天氣還涼爽的時候澆水，或在傍晚澆水。這樣不只可以避免白天的熱度蒸發太多水分，也能預防蜂類和蝴蝶等授粉昆蟲被水管噴灑攻擊。

8 / 蚯蚓能自衛嗎？

我有時覺得我們太偏重早起的鳥兒有多幸運，卻無視於早起的蟲兒有多倒楣。

——富蘭克林‧羅斯福致亨利‧海曼

（Henry M. Heymann），1919 年

　　蚯蚓的身體雖然柔軟脆弱，但有些策略讓牠們在掠食者攻擊的時候有機會一搏。許多種類的蚯蚓（包括普通蚯蚓）如果被抓住，會拚命扭動掙脫。如果蚯蚓的尾巴在纏鬥中被扯掉，可能還會長回來（Part 2 的 11.〈蚯蚓被切成兩半，還能存活嗎？〉）。我們已經知道，有些種類的蚯蚓（包括暗色阿波蚓）會刻意讓尾巴脫落，這種防禦策略稱為「自殘」。

　　有些種類的蚯蚓受到威脅時，會分泌一種有毒的液體。澳洲至少有兩種「射手」：大蚯蚓會把液體噴到十公分外，

「噴水蚯蚓」（Didymogaster sylvaticus）則能噴到三倍之遙，因此得到這個頗為絕妙的綽號。就連常見的赤子愛勝蚓（許多堆肥桶裡都有）感到痛苦或受到粗暴對待的時候，也會分泌出一種像爛洋蔥的噁心液體；赤子愛勝蚓的拉丁學名Eisenia fetida的種名"fetida"，字面上的意思就是「惡臭」。

有些科學家也懷疑，蚯蚓的體表具有剛毛，因此有些昆蟲無法下嚥。例如，我們知道蚯蚓的剛毛十分尖銳，在交配時會刺穿另一隻蚯蚓的皮膚（見Part 3的9.〈蚯蚓如何進行性行為？〉），所以這些剛毛或許也足以讓某些昆蟲在攻擊之前遲疑一下。

9 / 蚯蚓如何進行性行為？

蚯蚓沒有分公母，而是雌雄同體，意思是每隻蚯蚓身上都有雌性和雄性的器官。

蚯蚓要性成熟之後才能繁殖。蚯蚓性成熟時，身上會出現獨特的「環帶」；普通蚯蚓的環帶大約出現在六週大的時候，位在靠近身體前端大約三分之一的部位。

蚯蚓會選擇體型相近的伴侶，可能是因為如果體型相差太多，交配的難度會很高。不過年紀似乎毫無影響，研究顯示，老蚯蚓也能讓年輕蚯蚓受精。一項關於赤子愛勝蚓的有趣實驗發現，精子產量不會隨年紀而減少，即使六歲的蚯蚓也一樣。[31]不過，同一隻蚯蚓的雌性生殖功能會在三歲之後大幅衰退。因此，老蚯蚓雖然能讓另一隻蚯蚓懷孕，但自己要懷孕可能很困難。

普通蚯蚓的求偶儀式非常溫柔，起先是「互相認識」階段，準伴侶會造訪對方的地道口。在黑暗的掩護下，蚯蚓會

伸長身子，試圖探頭到附近的地道裡，不過尾巴末端仍然固定在自己的地道，以免遇到需要迅速撤退的情況來不及逃。蚯蚓造訪配偶地道的次數有多有少，有時只要一、兩次，有時候超過十次。探訪的時間通常很短，只有三十秒到六十秒，不過有時候會有比較長的「深層地道之旅」，持續幾分鐘。

接著，蚯蚓中意的對象會回訪，兩隻蚯蚓像興奮的青少年一樣，往來彼此的地道之間。[32]表層蚯蚓雖然沒有地道可造訪，但似乎也有求偶儀式，有人曾觀察到赤子愛勝蚓的準伴侶在交配前，反覆以短暫、溫柔的觸碰來輕撫彼此。[33]在蚯蚓開始進行交配之前，求偶儀式可能從幾分鐘持續到一個小時之久。

兩隻蚯蚓準備好要交配時，會朝著相反方向（頭尾相對）靠著對方，用環帶分泌的一種黏液緊緊黏在一起，然後黏著進行一場長達一到三個小時的性愛馬拉松。其他蚯蚓有時會爬過來，在這對配偶辦事過程中碰觸牠們，這種不受歡迎的干擾可能會縮短交配過程，但不會打斷牠們。蚯蚓交配的激情令查爾斯·達爾文感到驚奇；他寫道：「牠們的熱情強烈得足以克服……對光亮的恐懼。」

蚯蚓或許熱情，但並不專一；大部分種類的蚯蚓常常有

多重伴侶。而這些生物的性生活有更黑暗的一面。蚯蚓為了提高成功機率，有個驚人的祕密武器。科學家注意到，普通蚯蚓身上有特殊的剛毛，會在交配時刺進配偶身上。這些短劍似的剛毛刺進配偶體內，損傷其皮膚，並注入一種荷爾蒙，似乎能提高配偶接受精子的機率，讓配偶晚一點開始尋找新歡。[34]

環帶在整個交配過程中不可或缺。環帶產生的黏稠黏液，起先會把蚯蚓黏在一起，讓牠們能交配，然後硬化成環套，在蚯蚓身上往前滑，收集對方的精子以及自己的卵。這種黏液環最後會從蚯蚓頭上滑開，然後兩側封閉，乾燥成檸檬形狀的小小卵繭，可以為卵繭中成長的蚯蚓寶寶提供營養和保護。

有些種類的蚯蚓在一整年裡可以反覆交配。深層的普通蚯蚓一年只會產出大約十個卵繭，不過比較小型的表層蚯蚓會頻繁、活躍地交配，每年產出高達一百個卵繭。這可能是因為生活在比較靠近土表的蚯蚓，比較容易遇到乾旱和掠食者。

不過，溫帶國家春季（三、四月）和秋季（九、十月）的天氣既不炎熱，也不酷寒，通常蚯蚓在這兩季會比較頻繁地交配；這種習性早在1780年代就有人觀察過，《每月評論

／文學雜誌擴編》（*the Monthly Review, Or Literary Journal, Enlarged*）中寫道，「……普通蚯蚓會在天氣溫和潮濕或土地帶著露水的時候，在地面上繁衍後代。」[35]

有些種類的蚯蚓甚至不需要配偶。有些蚯蚓是孤雌生殖，也就是身上只有雌性的生殖器官，不需要雄性來替卵授精。有些蚯蚓是雌雄同體，但選擇自體授精，把身體彎折成兩半，讓自己懷孕；如果蚯蚓很難找到配偶，這個策略確實有幫助。赤子愛勝蚓大約有一成是自體授精。

 趣味小知識

商業蚯蚓養殖者觀察到，安卓愛勝蚓（Eisenia andrei，是赤子愛勝蚓的近親）會三人行，而不同種的蚯蚓會雜交，例如赤子愛勝蚓、安卓愛勝蚓和花園愛勝蚓（Eisenia hortensis），不過這種罕見的種間雜交似乎只會產出不育的卵繭。

10 / 蚯蚓可以訓練嗎？

故意踩踏蚯蚓的人，不會在我的交友名單上；他們
縱然知書達禮，卻缺乏感情。

——威廉・古柏（William Cowper），

《任務》（*The Task*, 1785）

蚯蚓以研究之名，經歷過一些實在不愉快的實驗。1960
年代的一項實驗，試圖確認普通蚯蚓是否展現出任何學習能
力。[36] 這項實驗中用的是迷宮。蚯蚓必須在受到光照、熱能
和電擊刺激的同時，通過迷宮。蚯蚓一旦做出「錯誤決定」
（也就是走錯路），就會受到電擊，而獎勵則是可以回到安
全的容器中。

這項實驗的目的，是確認蚯蚓能不能靠著選擇帶來的美
好或悲慘記憶，學會如何通過迷宮，以及蚯蚓能不能重複解
開迷宮。

說來神奇，實驗顯示蚯蚓確實會學習穿過迷宮。此外，蚯蚓做出正確決定的頻率，居然隨著測試次數而提高。所以隨著一次次測試，蚯蚓愈來愈擅長記住怎麼走。不過，中斷兩個星期之後，蚯蚓會「忘記」路徑，研究者寫道，「以哺乳類動物的標準來看，這些實驗對蚯蚓造成的改變都十分短暫。中斷十五天後，曾受過高度訓練的（蚯蚓）表現和不曾接受實驗的蚯蚓表現，就不相上下了。」

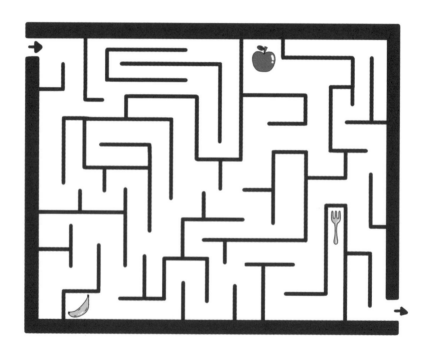

11／蚯蚓會睡覺嗎？

　　這個問題的答案取決於「睡覺」的定義。有些人把睡覺描述為一種生理狀態，包括意識轉換、腦波模式隨著睡眠而改變、知覺活動減少、零星的動眼、肌肉放鬆等。這個定義對哺乳類很適用，不過，如果一種動物沒有那麼複雜的身體或腦子，就比較適合更基本的行為定義。

　　如果我們把睡眠視為一種行為，就可以去尋找一天二十四小時中的一些跡象，例如：不活動、正常功能減緩，或對外界刺激無反應；而超過二十四小時的「睡眠」通常界定為冬眠或休眠。依據睡眠的行為定義，蚯蚓確實在一天當中有一段休息時間。例如，在關於普通蚯蚓的實驗中，科學家就發現蚯蚓從黃昏到黎明之間超級忙碌，但白天的氧氣消耗量下降，顯示這是一段活動減緩的時期。

〈 如何幫助蚯蚓之七 〉

別使用化學物質

- 蚯蚓已經忍受殺蟲劑數十年之久，不過蚯蚓分解有害化學物質的解毒能力是有代價的，在經常噴灑殺蟲劑的土壤中生長的蚯蚓，尺寸比較小，繁殖力也比較差（見Part 1的7.〈蚯蚓麻煩大了嗎？〉）。

- 以不使用殺蟲劑的花園為目標：健康的土壤才會培育出健康的植物，而健康的植物更能抵抗病害；吸引更有益的昆蟲（牠們會吃花園裡的害蟲）；此外，要尋求天然的蟲害防治辦法，例如伴植（companion planting，編註：混合種植多種植物）、有機施藥或生物防治（像是利用線蟲）。

12 / 蚯蚓會發出什麼聲音嗎？

1925年8月5日的《紐約時報》（*New York Times*）最後幾版裡，夾著一小段與眾不同的新聞。標題稱讚著這條新聞，如此寫道：

德國教授發現蚯蚓會發出女高音。德國弗萊堡，八月四日電——德國生物學教授曼格（Mangold）表示，他無意間發現蚯蚓會唱歌。曼格進行某種實驗時，將十來隻蚯蚓放在一個玻璃罩下，意外聽到容器中傳來有節奏的女高音（原文照刊）。學者堅稱，經調查後發現聲音是蚯蚓發出來的。

曼格是第一個提出蚯蚓會發出聲音的科學家。兩年後，1927年，另一位學者魯道夫・魯德曼（Rudolf Ruedemann）

對曼格的觀察深深著迷，在《科學》（Science）期刊中堅稱，根據他個人的經驗，「美國蚯蚓也會發出聲音。」他寫道，「在一個悶熱的五月晚上（……），我們可以清楚聽見後花園裡蚯蚓的聲音。起先我難以置信，默默坐在椅子上，直到我聽見四面八方傳來一種極為微弱的磨擦聲。那是黑暗中幾乎微弱得不可思議的合唱（……）之後，我們每年都會聽到這種歌聲，總是在溫暖的春夜，黃昏左右到天黑時分。」[37]

這兩位知名人士的差異，是他們對於蚯蚓如何發出聲音，有不同的理論。曼格認為，那聲音來自蚯蚓的口部，而魯德曼指出，那是蚯蚓身上粗硬的剛毛拖過地道口附近某種堅硬物體而發出的磨擦聲，很可能是為了吸引配偶。

蚯蚓「唱歌」之謎仍有待解答，至今很少有研究以蚯蚓發出的聲音為題。養殖蚯蚓製造肥料的農人，記錄到堆肥桶傳出的「啵啵聲」，而東印度弗洛雷斯島（island of Flores）的納吉族人（Nage）一向堅稱，他們當地有一種蚯蚓會發出「嘓嘓」叫。[38]

不過，被記錄下來的聲音中，蚯蚓製造聲音最有可能的一個解釋，就是蚯蚓鑽過土壤時發出的磨擦聲。小顆粒的有機質移動或彼此磨擦時，或土壤中產生小裂縫時，就會發出

聲波。如果蚯蚓的體型大、數量多，發出的聲音可能不小。大衛‧愛登堡（David Attenborough）在回憶錄《大衛‧愛登堡自傳》（*Life on Air*）中，憶起他在澳洲拍攝大蚯蚓時，聽到奇妙的地下聲音。他用馬桶沖水聲和蚯蚓身體拖過潮濕泥土的聲音做比擬：「走過南澳牧草地的時候，可能聽見後面傳來有人沖馬桶的聲音。」[39]

13 / 蚯蚓會結交朋友嗎？

牠們或許有那麼一絲社會知覺，因為牠們即使爬過
彼此身上，有時躺在那裡而彼此接觸，也不會受到
驚動。

—— 查爾斯‧達爾文，
《腐植土形成與蚯蚓的作用，及其習性觀察》（1881）

蚯蚓喜好交際嗎？蚯蚓這種動物幾乎只是一條有嘴巴、
有屁股的管子，問這種問題很奇怪，然而，最近一項科學實
驗顯示，卑微的蚯蚓擁有超乎想像的複雜集體生活。

比利時一所大學的研究者發現，赤子愛勝蚓會用身體接
觸來彼此交流，影響彼此的行為。赤子愛勝蚓靠著觸覺，形
成「群聚」，接著一群蚯蚓會朝著同一個方向前進。

在一項實驗中，科學家把四十隻蚯蚓放進一個土穴，那
裡會連接到另外兩個一模一樣的土穴。科學家預期蚯蚓會均

匀散布在土中，但蚯蚓其實會成群移動，結果全部爬進同一個土穴。重複測試後，顯示出同樣的「群聚」模式。

不過，蚯蚓是怎麼以群體決定要往哪個土穴呢？研究者為了測試蚯蚓有沒有用化學信號或身體接觸來溝通，於是做了一座迷宮，讓蚯蚓走迷宮。如果讓個別蚯蚓自己走，蚯蚓會從不同的路徑穿過迷宮，並不會跟著其他同伴。實驗顯示，蚯蚓並不是靠著前一隻同伴留下的化學蹤跡來找路。

但兩隻蚯蚓一起走迷宮時，旅程中都會待在一起，最後到達同一個目的地。當蚯蚓肢體交疊或在彼此身邊摩擦時，似乎會透過社會線索來溝通，最後到達同一個地方。研究者也注意到，蚯蚓一旦離開土裡，常常聚成緊密的一群，於是研究者懷疑，其他種類的蚯蚓可能也有相似的行為模式。

至於蚯蚓究竟是如何形成「群聚」，還有待探索。有個理論是，聚成一群（許多動物都會）更能抵禦掠食者（例如扁蟲）。

蚯蚓也喜歡在晚上進行社交。在黑暗的掩護下，蚯蚓來到自己的地道頂部，探索牠們的鄰居。蚯蚓會用尾巴固定在自己的地道，把頭探進相鄰的地道口，尋找可能的配偶（見Part 3 的 9.〈蚯蚓如何進行性行為？〉）。

14 / 蚯蚓會冒險嗎？

不難想像蚯蚓的生活十分平淡。然而，蚯蚓和許多物種一樣，也會冒險。大多時候，動物是靠著避免危險情境而活下來。不過某些情況下，例如食物缺乏時，唯有冒險，動物才有機會為生存一搏。

雖然這在大型哺乳類身上是很容易觀察的行為，但從來沒人想過，蚯蚓那麼單純的生物，面對困境時也能做出深思熟慮的決定。一項最近的研究證實，普通蚯蚓飢餓的時候，確實會冒險。[40]科學家在實驗中取三組蚯蚓（不餓、有點餓、非常餓），讓牠們有兩個覓食的選擇。高風險的選擇雖然食物多，卻要在強光下進行，這對蚯蚓有害；低風險的選擇食物少，但陰暗舒適。非常餓、飢腸轆轆的那組蚯蚓，不只比其他兩組更常選擇高風險的食物，而且比其他兩組更快下決定。看來，如果食物來源大減，蚯蚓還是願意冒著被掠食和曬死的危險去尋找食物。

15 / 蚯蚓可以活多久？

天使們蒼白慘淡，飛天而現身宣告；這是一齣名為
「人」的悲劇，而主角是征服者蠕蟲。

——艾德加·愛倫·波（Edgar Allen Poe），

〈征服者蠕蟲〉（The Conqueror Worm）

　　蚯蚓住在土壤中的深度與壽命之間，確實有點相關性。
表層蚯蚓相對而言較短命（一到三年），不過繁殖頻繁又容
易，所以族群很快就能恢復。中層蚯蚓的平均壽命比較長
（長達五年），但深層蚯蚓能活到十年甚至更久的高齡。

　　蚯蚓一年只產幾個卵繭，缺點是如果土壤受到擾動，族
群就會迅速大減。不過，如果土壤被放著不管，而且食物充
足的話，深層蚯蚓甚至可以活到十幾歲。

16 / 蚯蚓有痛覺嗎？

再高壯、再厲害的生物，也逃不過人類的破壞性能
量；再渺小、再不起眼的生物，也逃不過人類的利
眼和魔掌。我們一開始就注定成為所有次等動物的
主宰者。不過別忘了，人類和自己所殺戮、馴服、
改良的生物一樣……只在這裡短暫停留，和一個小
星球上的蠕蟲與鯨魚一樣，都是合租的住戶。

——理查・歐文（Richard Owen）爵士，
於倫敦藝術學會（Society of Arts）之演講：
〈來自動物界之原料〉
（The Raw Materials of the Animal Kingdom, 1852）

這個問題很棘手。要判斷動物是否會感到疼痛，恐怕不
容易，尤其是無法用言語溝通的情況。何況科學家對於痛覺
的定義莫衷一是。例如，蚯蚓在魚鉤上蠕動的時候，只是無

意識的反射動作，或是類似人類的痛覺呢？

　　所有動物都有所謂的「傷害感受」（nociception），這是對有害物質產生反應的能力。所有動物都會透過神經系統，反應危險或有害的刺激，以避免受傷或死亡。這種能力有一部分靠的是無意識的反射，未必是意識經驗。

　　所以，蚯蚓在釣鉤上蠕動時，那隻動物是否只是自動做出某種反應，而不是像人類一樣感到疼痛？這類爭執激烈不歇。有些科學家堅持，蚯蚓沒有痛覺，只是機械性地反應有害的刺激，就像人類看到強光會閉眼。有些科學家卻沒那麼肯定。

挑戰這種概念的研究者，會尋找動物不舒服的其他跡象。我們已知蚯蚓會產生兩種化學物質：腦啡（enkephalin）和β-腦內啡（beta endorphin），一般認為有助於承受疼痛。[41]他們的理論是，動物會產生止痛物質，一定是有疼痛反應的關係。我們不清楚這種疼痛是否和人類的痛覺一樣，不過這是值得探討的有趣方向。

蚯蚓可能有痛覺的說法並非新鮮事，也不是第一次有人提出我們不該刻意傷害蚯蚓。1931年，雍格蘭（Ljunggren）牧師在《紐約時報》撰寫的一篇文章中，回憶到一位瑞典教授為了確認蚯蚓有沒有痛覺而做了一些實驗。教授的測試和電擊有關，其結果使得他認為蚯蚓其實感覺得到疼痛。因此，這位教授的餘生都在說服釣客，別用蚯蚓當魚餌。雍格蘭牧師寫道：「善良的教授同情每年數以千計的蚯蚓被串上漁人的釣鉤，因此開始巡迴演講，試圖說服（他們）別拿蚯蚓當餌。但他們只是笑笑，繼續像他們父祖輩一樣立起釣竿，而他們的子孫無疑也會繼續下去。」[42]

增加蚯蚓的數量

- 新建案或「速成花園」裡，如果土壤是進口的，或是從其他現場運來的，那麼蚯蚓群落時常會大幅減少，甚至完全滅絕。這時候，買蚯蚓加進土壤裡可能有幫助。雖然你會想直接買一袋蚯蚓來碰碰運氣，但除非先改善土壤環境，否則新住戶也無法存活。

- 大部分的商業蚯蚓繁殖場都建議，先改善這塊土地的土壤，再把新的蚯蚓加進來，理想上是加入肥料、堆肥、腐葉土或其他有機質「熟成」、分解一年，再引入蚯蚓（見〈如何幫助蚯蚓之一〉）

- 在土地準備好迎接蚯蚓時，要如何引入蚯蚓，取決於蚯蚓的種類。比如說，你想要養殖深層

蚯蚓和中層蚯蚓時，需要「挖下去」，往下挖到一把鏟子的深度，丟進蚯蚓，再把土坑填妥。

- 更理想的作法是購買混合的蚯蚓群體（含有深層蚯蚓和中層蚯蚓，但不包括表層蚯蚓／堆肥蚯蚓）；把這些蚯蚓裝在可生物分解的盒子裡，只要挖個洞，再把整個盒子埋進去，澆水、覆土，蚯蚓就會慢慢爬出盒子，鑽進周圍的土壤裡，在這個過程中逐漸習慣新環境。很快的，蚯蚓就會安頓下來，繁殖交配，讓你的花園裡住滿蚯蚓，使土壤恢復健康。

引用文獻

① Natural England Commissioned Report NECR145:
'Earthworms in England: distribution, abundance and
habitats' (2014): http://publications.naturalengland.org.uk/
publication/5174957155811328.

② Lowe, C.N., 'Interactions within earthworm communities:
A laboratory- based approach with potential applications for
soil restoration', University Of Central Lancashire, Faculty
Of Science (April 2000): core.ac.uk/download/pdf/9632799.
pdf .

③ Butt, K.R. et al., 'An oasis of fertility on a barren island:
Earthworms at Papadil, Isle of Rum', *The Glasgow
Naturalist* (2016) Volume 26, Part 2, pp. 13–20.

④ Meentemeyer, V. et al., 'World patterns and amounts of
terrestrial plant litter production', BioScience 32(2), (1982),
pp. 125–128.

⑤ Xiao, Z. et al., 'Earthworms affect plant growth and resistance against herbivores: A meta-analysis', *Functional Ecology* (18 August 2017).

⑥ Zaller, J.G. et al., 'Herbivory of an invasive slug is affected by earthworms and the composition of plant communities', *BMC Ecology* 13, 20 (2013): https://doi.org/10.1186/1472-6785-13-20.

⑦ Decaëns, T. et al., 'Seed dispersion by surface casting activities of earthworms in Colombian grasslands', Acta Oecologica 24(4) (2003), pp. 175–185.

⑧ Dann, L., 'Major survey finds worms are rare or absent in 40% of fields', *Farmers Weekly* (22 February 2019): www.fwi.co.uk/arable/land-preparation/soils/major-survey-finds-worms-are-rare-or-absent-in-20-of-fields.

⑨ Kanianska, R. et al., 'Assessment of Relationships between Earthworms and Soil Abiotic and Biotic Factors as a Tool in Sustainable Agricultural', Sustainability 8 (9): 906 (7 September 2016).

⑩ Scheer, R. and Moss, D., 'Dirt Poor: Have Fruits and Vegetables Become Less Nutritious?', *Scientific American*

(27 April 2011).

⑪ Givaudan, N. et al., 'Acclimation of earthworms to chemicals in anthropogenic landscapes, physiological mechanisms and soil ecological implications', *Soil Biology and Biochemistry* 73 (2014), pp. 49–58: DOI: 10.1016/ j.soilbio.2014.01.032

⑫ The National Severe Storms Laboratory, Severe Weather 101: Flood Basics: www.nssl.noaa.gov/education/svrwx101/ floods

⑬ Xiaofeng Jiang et al., 'Toxicological effects of polystyrene microplastics on earthworm (Eisenia fetida)', *Environmental Pollution* 259 (April 2020).

⑭ Paoletti, M.G. et al., 'Nutrient content of earthworms consumed by Ye'kuana Amerindians of the Alto Orinoco of Venezuela', Proceedings of the Royal Society of London. Series B: Biological Sciences Volume 270, Issue 1512 (07 February 2003) .

⑮ Cianferoni, A., et al., 'Visceral Larva Migrans Associated With Earthworm Ingestion: Clinical Evolution in an Adolescent Patient', *Pediatrics* 117(2): e336–e339 (1 August 2006).

⑯ Reynolds, J.W. and Reynolds, W.M., 'Earthworms in Medicine', *American Journal of Nursing* 72(7):1273 (August 1972).

⑰ Mira Grdisa, M., 'Therapeutic Properties of Earthworms' in Bioremediation, *Biodiversity and Bioavailability*, Global Science Books (2013): http://www.globalsciencebooks.info/Online/GSBOnline/images/2013/BBB_7(1)/BBB_7(1)1-5o.pdf

⑱ Chuang, S. et al., 'Influence of ultraviolet radiation on selected physiological responses of earthworms', *Journal of Experimental Biology* 209 (2006), pp. 4304–4312: doi: 10.1242/jeb.02521.

⑲ Seymour, M.K., 'Locomotion and Coelomic Pressure in *Lumbricus terrestris* L', *Journal of Experimental Biology* 51 (1969), pp. 47–58.

⑳ Quillin, K.J., 'Kinematic scaling of locomotion by hydrostatic animals: ontogeny of peristaltic crawling by the earthworm lumbricus terrestris', *Journal of Experimental Biology* 202 (1999), pp. 661–674.

㉑ Zhang, D. et al., 'Earthworm epidermal mucus: Rheological

behavior reveals drag-reducing characteristics in soil', *Soil and Tillage Research* 158 (May 2016), pp. 57–66.

㉒ Verdes, A. & Gruber, D.F., 'Glowing Worms: Biological, Chemical, and Functional Diversity of Bioluminescent Annelids', Integrative and Comparative Biology 57(1), (July 2017), pp. 18–32.

㉓ Samuelson, J., *Humble Creatures* (John Van Voorst, London, 1858).

㉔ Montgomerie, R. and Weatherhead, P.J., 'How robins find worms', *Animal Behaviour* 54 (1997), pp. 143–151.

㉕ Cranfield University, 'Earthworm population triples with use of cover crops' (25 September 2019): https://phys.org/news/2019-09-earthworm-population-triples-crops.html.

㉖ Liebeke, M. et al., 'Unique metabolites protect earthworms against plant polyphenols', *Nature Communications* 6:7869 (2015): doi: 10.1038/ncomms8869.

㉗ Pfiffner, L., 'Earthworms – Architects of fertile soils', Order no. 1629, International edition © FiBL Research Institute of Organic Agriculture FiBL (2014).

㉘ Nuutinen, V. and Butt, K.R., 'Homing ability widens the

sphere of influence of the earthworm *Lumbricus terrestris L'*, *Soil Biology and Biochemistry* 37:4 (April 2005), pp. 805–807.

㉙ The Monthly Review, Or Literary Journal, Volume LXII (1810).

㉚ Usherwood, J., 'A New Twist On Underground Eating', *Journal Of Experimental Biology* 209:23 (2006): Vi Doi: 10.1242/Jeb.02575.

㉛ Penning, K.A. and Wrigley, D.M. 'Aged *Eisenia fetida* earthworms exhibit decreased reproductive success', *Invertebrate Reproduction & Development*, 62:2 (2018), pp. 67–73.

㉜ Nuutinen, V. and Butt, K.R., 'The mating behaviour of the earthworm *Lumbricus terrestris* (Oligochaeta: Lumbricidae)', *Journal of Zoology* 242:4 (August 1997), pp. 783–798.

㉝ Grove, A.J. and Cowley, L.F., 'Memoirs: On the Reproductive Processes of the Brandling Worm, Eisenia Foetida. (Sav.)', *Journal Of Cell Science* (1926) s2-70: pp. 559–581.

㉞ Koene, J.M., et al., 'Piercing the partner's skin influences sperm uptake in the earthworm Lumbricus Terrestris', *Behavioral Ecology and Sociobiology*, 59:2 (2005), pp. 243–249.

㉟ 'Letters and Papers on Agriculture, Planting &c.' in *The Monthly Review, Or Literary Journal, Enlarged*, 1780.

㊱ Greene Datta, L., 'Learning in the Earthworm, *Lumbricus Terrestris', The American Journal Of Psychology* 75:4 (December 1962), pp. 531–553.

㊲ Ruedemann, R., '"Singing" Earthworms', Science 65:1676 (11 February 1927), p. 163.

㊳ Forth, G., *Why the Porcupine is Not a Bird: Explorations in the Folk Zoology of an Eastern Indonesian People* (University of Toronto Press, 2016).

㊴ Attenborough, D., *Life on Air* (BBC Books, 2003) p. 394.

㊵ Sandhu, P. et al., 'Worms make risky choices too: the effect of starvation on foraging in the common earthworm (*Lumbricus terrestris*)', *Canadian Journal of Zoology*, 96 (2018), pp. 1278–1283.

㊶ Alumets, J. et al., 'Neuronal localisation of immunoreactive enkephalin and ß-endorphin in the earthworm', *Nature* 279 (1979), pp. 805–806.

㊷ Ljunggren, Rev. C.J., 'Earthworms Feel Pain', *New York Times* (20 September 1931).

索引

圖片出處

土壤下的迷你工程師——如果少了蚯蚓，人類還能生存嗎？

作　　者──莎莉·庫特哈德　　　發 行 人──蘇拾平
　　　　　（Sally Coulthard）　　總 編 輯──蘇拾平
譯　　者──周沛郁　　　　　　　編 輯 部──王曉瑩
特約編輯──洪禎璐　　　　　　　行 銷 部──陳詩婷、曾曉玲、曾志傑、蔡佳妘
　　　　　　　　　　　　　　　　業 務 部──王綬晨、邱紹溢、劉文雅

出版社──本事出版
　　　　台北市松山區復興北路333號11樓之4
　　　　電話：(02) 2718-2001　傳眞：(02) 2718-1258
　　　　E-mail：motifpress@andbooks.com.tw
發　　行──大雁文化事業股份有限公司
　　　　地址：台北市松山區復興北路333號11樓之4
　　　　電話：(02) 2718-2001
　　　　傳眞：(02) 2718-1258
　　　　E-mail：andbooks@andbooks.com.tw
美術設計──COPY
內頁排版──陳瑜安工作室
印　　刷──上晴彩色印刷製版有限公司
2022 年 01 月初版
定價　台幣380元

The Book of the Earthworm
Copyright © Sally Coulthard, 2021
This edition arranged with Head of Zeus.
through Andrew Nurnberg Associates International Limited

國家圖書館出版品預行編目資料
土壤下的迷你工程師——如果少了蚯蚓，人類還能生存嗎？
莎莉·庫特哈德（Sally Coulthard）/ 著　周沛郁 / 譯
──.初版.── 臺北市；本事出版：大雁文化發行，2022年01月
面 ；　公分. –
譯自：The Book of the Earthworm
ISBN 978-626-7074-00-8（平裝）
1. 蚯蚓　2. 環節動物
386.696　　　　　　　　　　　110017784